2018 中国生态环境统计年报

ANNUAL STATISTIC REPORT ON ECOLOGY AND ENVIRONMENT IN CHINA

中华人民共和国生态环境部　编
MINISTRY OF ECOLOGY AND ENVIRONMENT OF THE PEOPLE'S REPUBLIC OF CHINA

中国环境出版集团・北京

图书在版编目（CIP）数据

中国生态环境统计年报. 2018 /中华人民共和国生态环境部编.—北京：中国环境出版集团，2021.7

ISBN 978-7-5111-4786-8

Ⅰ. ①中… Ⅱ. ①中… Ⅲ. ①环境统计－统计资料－中国—2018—年报 Ⅳ. ①X508.2-54

中国版本图书馆 CIP 数据核字（2021）第 133276 号

出 版 人 武德凯
责任编辑 殷玉婷
责任校对 任 丽
封面设计 彭 杉

出版发行 中国环境出版集团
（100062 北京市东城区广渠门内大街 16 号）
网 址：http://www.cesp.com.cn
电子邮箱：bjgl@cesp.com.cn
联系电话：010-67112765（编辑管理部）
发行热线：010-67125803，010-67113405（传真）

印 刷 北京中科印刷有限公司
经 销 各地新华书店
版 次 2021 年 7 月第 1 版
印 次 2021 年 7 月第 1 次印刷
开 本 880×1230 1/16
印 张 8.5
字 数 200 千字
定 价 120.00 元

编委会

《中国生态环境统计年报 2018》

各章编写作者

综　述	董广霞
第 1 章　调查对象	董广霞
第 2 章　废水污染物	吕　卓
第 3 章　废气污染物	李　曼
第 4 章　工业固体废物和危险废物	赵银慧
第 5 章　污染治理设施	赵文江
第 6 章　生态环境污染治理投资	李　曼
第 7 章　生态环境管理	王　鑫
第 8 章　全国辐射环境水平	王　蕾
第 9 章　各地区污染排放及治理统计	赵文江
第 10 章　各工业行业污染排放及治理统计	赵文江
第 11 章　各地区生态环境管理统计	王　鑫
第 12 章　主要生态环境统计指标解释	赵文江

编者说明

一、本年报资料覆盖全国 31 个省（自治区、直辖市）及新疆生产建设兵团数据，未包括香港特别行政区、澳门特别行政区以及台湾省数据。

二、本年报主要反映中国环境污染排放、治理及环境管理情况。主要内容包括调查对象基本情况、废水污染物排放情况、废气污染物排放情况、工业固体废物和危险废物产生及处理情况、污染治理设施情况、环境污染治理投资、环境管理和全国辐射环境水平等。

三、统计范围

本年报统计范围为有污染物排放的工业污染源（以下简称工业源）、农业污染源（以下简称农业源）、生活污染源（以下简称生活源）、集中式污染治理设施和移动源。

工业源包括《国民经济行业分类》（GB/T 4754—2017）中行业代码为 05～46 的 42 个大类行业。

工业企业污染防治投资情况的年报范围为调查年度内施工的老工业源的污染治理项目投资，以及当年完成“三同时”环保验收的工业类建设项目环保投资。

农业源包括畜禽养殖业中的大型畜禽养殖场（生猪设计年出栏量≥5 000 头、奶牛设计年存栏量≥500 头、肉牛设计年出栏量≥1 000 头、蛋鸡年设计存栏量≥15 万羽、肉鸡年设计出栏量≥30 万羽）。

生活源包括《国民经济行业分类》（GB/T 4754—2017）中的第三产业以及城镇居民生活源；生活源废气污染物排放包括农村生活源。

集中式污染治理设施包括集中式污水处理单位、生活垃圾集中处理处置单位、危险废物集中利用处置（处理）单位。

移动源包括机动车污染源。

环境管理反映环保系统自身能力建设、业务工作进展及成果等情况，调查范围主要包括环境信访、环境法制及环境应急情况，环境科技与标准情况，环境影响评价情况，环境监测情况，自然生态保护与建设情况，辐射环境监测情况，环境监察执法情况等方面的内容。

四、与《中国环境统计年报 2015》相比，删减了“2. 废水污染物中重点流域、沿海地区废水污染物排放情况”“3. 大气污染防治重点区域废气污染物排放情况”等内容。

五、本年报中所有分项加和、合计值与占比数据修约均根据原始统计数据进行计算及进位，与修约后的数据直接计算结果可能有所不同。

目录

II

Ⅳ

12 主要生态环境统计指标解释 106～125

综　述

2018 年，全国生态环境保护大会在北京召开，习近平总书记出席会议并发表重要讲话，正式确立习近平生态文明思想，中共中央、国务院印发《关于全面加强生态环境保护　坚决打好污染防治攻坚战的意见》，明确打好污染防治攻坚战的时间表、路线图、任务书。十三届全国人大一次会议表决通过宪法修正案，把新发展理念、生态文明和建设美丽中国的要求写入宪法。在国务院机构改革中，新组建生态环境部。作为我国生态环境保护事业发展史上具有重要里程碑意义的一年，生态环境保护取得举世瞩目的进展。

2018 年，全国废水中化学需氧量排放量为 584.2 万吨，其中，工业源废水中化学需氧量排放量为 81.4 万吨，农业源化学需氧量排放量为 24.5 万吨，生活源污水中化学需氧量排放量为 476.8 万吨，集中式污染治理设施废水（含渗滤液）中化学需氧量排放量为 1.5 万吨。全国废水中氨氮排放量为 49.4 万吨，其中，工业源废水中氨氮排放量为 4.0 万吨，农业源氨氮排放量为 0.5 万吨，生活源污水中氨氮排放量为 44.7 万吨，集中式污染治理设施废水（含渗滤液）中氨氮排放量为 0.2 万吨。

2018 年，全国废气中二氧化硫排放量为 516.1 万吨，其中，工业源废气中二氧化硫排放量为 446.7 万吨，生活源废气中二氧化硫排放量为 68.7 万吨，集中式污染治理设施废气中二氧化硫排放量为 0.7 万吨。全国废气中氮氧化物排放量为 1 288.4 万吨，其中，工业源废气中氮氧化物排放量为 588.7 万吨，生活源废气中氮氧化物排放量为 53.1 万吨，移动源废气中氮氧化物排放量为 644.6 万吨，集中式污染治理设施废气中氮氧化物排放量为 2.0 万吨。全国废气中颗粒物排放量为 1 132.3 万吨，其中，工业源废气中颗粒物排放量为 948.9 万吨，生活源废气中颗粒物排放量为 173.1 万吨，移动源废气中颗粒物排放量为 9.9 万吨，集中式污染治理设施废气中颗粒物排放量为 0.3 万吨。

2018 年，全国一般工业固体废物产生量为 40.8 亿吨，综合利用量为 21.7 亿吨，处置量为 10.3 亿吨。全国工业危险废物产生量为 7 470.0 万吨，综合利用处置量为 6 788.5 万吨。

2018 年，调查统计污水处理厂 8 200 家，设计处理能力为 2.4 亿吨/日，全年共处理废水 679.8 亿吨；调查统计生活垃圾处理场（厂）2 381 家，生活垃圾填埋量 2.0 亿吨、焚烧处理量 1.1 亿吨；调查统计危险废物集中处理厂 1 229 家、医疗废物集中处理厂 310 家，实际处置危险废物 1 100.9 万吨。

1

调查对象情况

1.1 调查对象总体情况

工业源调查采取对重点调查单位逐家调查，农业源调查采取对大型畜禽养殖场逐家调查，生活源调查采取以地市级行政单位为单位整体调查，集中式污染治理设施调查采取逐家调查，移动源调查采取以省级行政单位为单位整体调查。

2018 年，工业源、农业源和集中式污染治理设施调查对象共 158 138 家，其中，工业企业 135 787 家，大型畜禽养殖场 10 231 家，污水处理厂 8 200 家，生活垃圾处理场（厂）2 381 家，危险废物集中处理厂 1 229 家，医疗废物集中处理厂 310 家。调查对象数量排名前 3 位的地区依次为广东、浙江和江苏，分别为 18 298 家、11 938 家和 11 724 家。2018 年各地区调查对象数量分布情况见图 1-1。

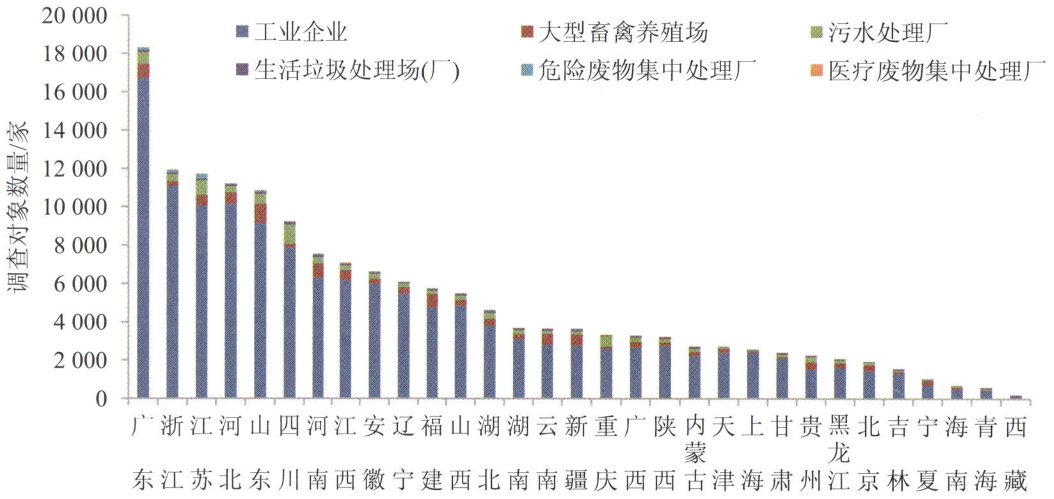

图 1-1　2018 年各地区调查对象数量分布情况

1.2 工业源调查基本情况

2018 年，全国共调查了 135 787 家工业企业，其中，有废水及废水污染物排放的企业 71 318 家，有废气及废气污染物排放的企业 112 509 家，有一般工业固体废物产生的企业 84 397 家，有工业危险废物产生的企业 54 816 家。调查工业企业数量排名前 3 位的地区依次为广东、浙江和河北，分别为 16 712 家、11 076 家和 10 049 家。2018 年各地区调查工业企业数量分布情况见图 1-2。

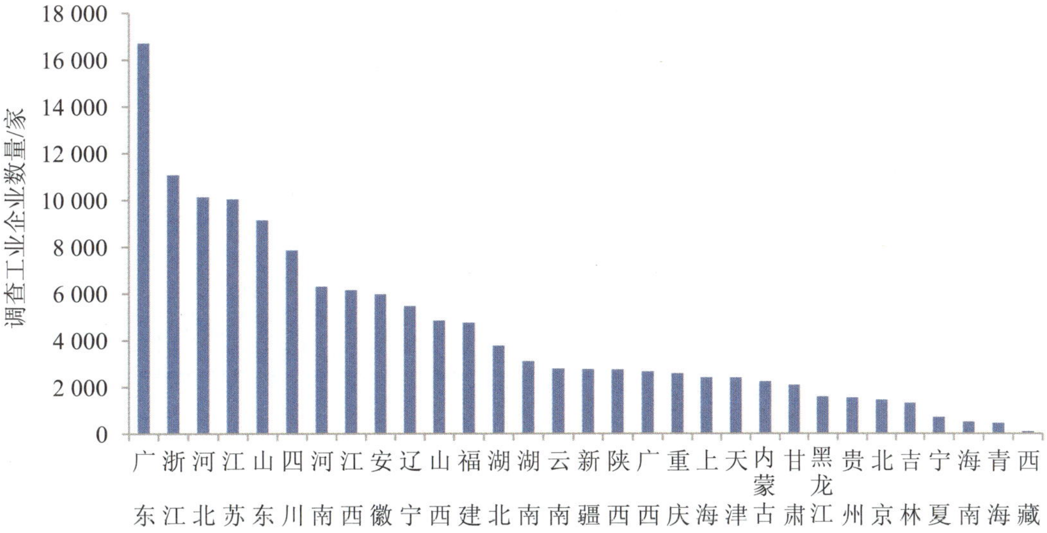

图 1-2　2018 年各地区调查工业企业数量分布情况

1.3　农业源调查基本情况

2018 年，全国共调查了 10 231 家大型畜禽养殖场，其中，生猪养殖场 5 894 家，奶牛养殖场 1 708 家，肉牛养殖场 493 家，蛋鸡养殖场 728 家，肉鸡养殖场 1 408 家。调查大型畜禽养殖场数量排名前 3 位的地区依次为山东、河南和广东，分别为 987 家、738 家和 725 家。2018 年各地区调查大型畜禽养殖场数量分布情况见图 1-3。

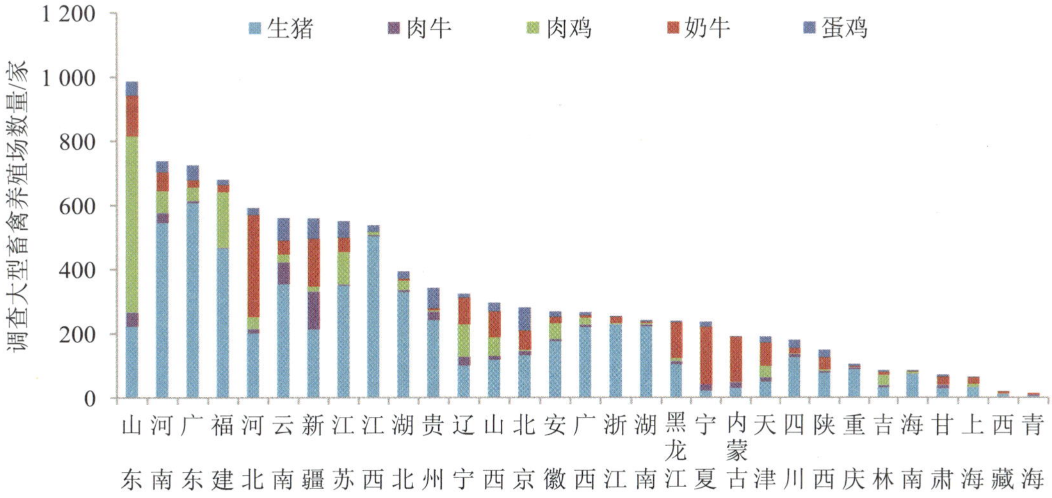

图 1-3　2018 年各地区调查大型畜禽养殖场数量分布情况

1.4 生活源调查基本情况

2018 年，对全国 31 个省（自治区、直辖市）和新疆生产建设兵团的 401 个地市级行政单位开展了生活源统计调查。

1.5 集中式污染治理设施调查基本情况

2018 年，全国共调查了 8 200 家污水处理厂、2 381 家生活垃圾处理场（厂）、1 229 家危险废物集中处理厂、310 家医疗废物集中处理厂。调查集中式污染治理设施数量排名前 3 位的地区依次为四川、江苏和广东，分别为 1 123 家、1 094 家和 807 家。2018 年各地区调查集中式污染治理设施数量分布情况见图 1-4。

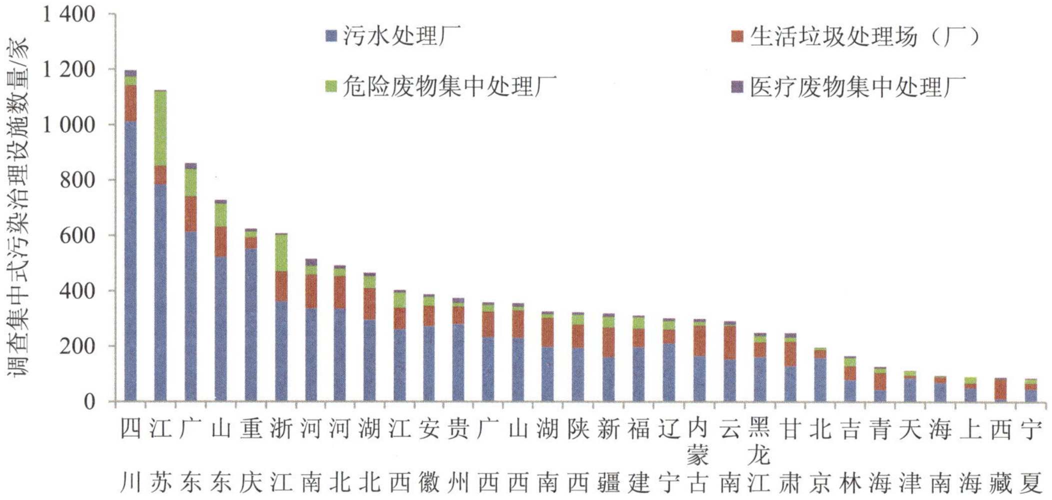

图 1-4　2018 年各地区调查集中式污染治理设施数量分布情况

1.6 移动源调查基本情况

2018 年，对全国 31 个省（自治区、直辖市）开展了移动源统计调查。

2

废水污染物

2.1 化学需氧量排放情况

2.1.1 全国及分源排放情况

2018 年，全国废水中化学需氧量排放量为 584.2 万吨。其中，工业源化学需氧量排放量为 81.4 万吨，占全国化学需氧量排放量的 13.9%；农业源化学需氧量排放量为 24.5 万吨，占全国化学需氧量排放量的 4.2%；生活源化学需氧量排放量为 476.8 万吨，占全国化学需氧量排放量的 81.6%；集中式污染治理设施废水（含渗滤液）中化学需氧量排放量为 1.5 万吨，占全国化学需氧量排放量的 0.3%。2018 年全国及分源化学需氧量排放情况见表 2-1。

表 2-1 2018 年全国及分源化学需氧量排放情况

排放源	合计	工业源	农业源	生活源	集中式污染治理设施
排放量/万吨	584.2	81.4	24.5	476.8	1.5
占比/%	—	13.9	4.2	81.6	0.3

注：①农业源数据为大型畜禽养殖场统计调查数据。

②集中式污染治理设施废水中污染物排放量指生活垃圾处理场（厂）和危险废物（医疗废物）集中处理厂垃圾废水（含渗滤液）中污染物的排放量。

③本年报表中“—”表示无此项指标或不宜计算。

2.1.2 各地区及分源排放情况

2018 年，化学需氧量排放量大于 30 万吨的地区有 7 个，依次为广东、江苏、安徽、四川、广西、江西和湖南。7 个地区的化学需氧量排放量合计为 275.0 万吨，占全国化学需氧量排放量的 47.1%。生活源化学需氧量排放量排名前 3 位的地区依次为广东、江苏和安徽。工业源化学需氧量排放量排名前 3 位的地区依次为江苏、广东和江西。2018 年各地区化学需氧量排放情况见图 2-1。

2.1.3 各工业行业排放情况

2018 年，各工业行业中化学需氧量排放量排名前 4 位的行业依次为农副食品加工业、化学原料和化学制品制造业、纺织业、造纸和纸制品业。4 个行业排放量合计为 45.9 万吨，占全国工业源化学需氧量排放量的 56.4%。2018 年工业行业化学需氧量排放情况见图 2-2。

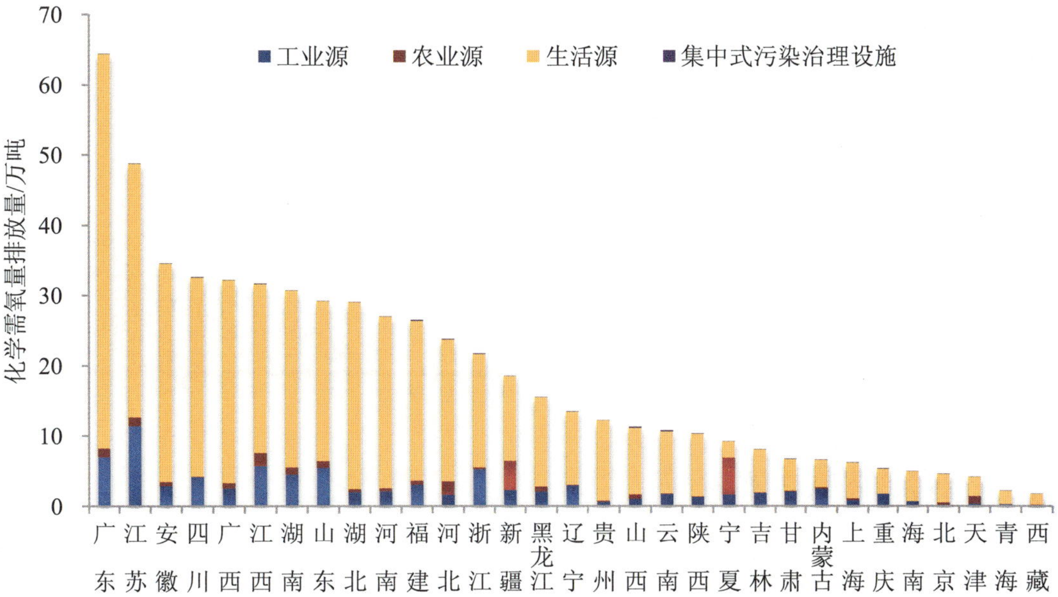

图 2-1　2018 年各地区化学需氧量排放情况

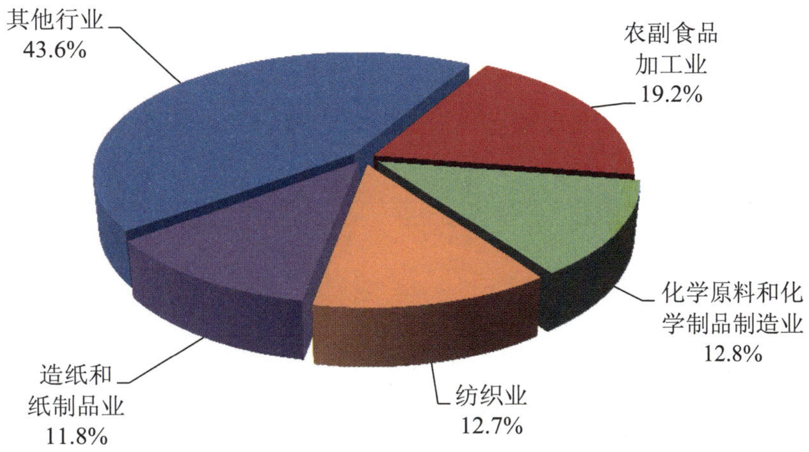

图 2-2　2018 年工业行业化学需氧量排放情况

2.2　氨氮排放情况

2.2.1　全国及分源排放情况

2018 年，全国废水中氨氮排放量为 49.4 万吨。其中，工业源氨氮排放量为 4.0 万吨，占全国氨氮排放量的 8.1%；农业源氨氮排放量为 0.5 万吨，占全国氨氮排放量的 1.0%；生活源氨氮排放量为 44.7 万吨，占全国氨氮排放量的 90.5%；集中式污染治理设施废水（含渗滤液）中氨氮排放量为 0.2 万吨，占全国氨氮排放量的 0.5%。2018 年全国及分源氨氮排放情况见表 2-2。

表 2-2　2018 年全国及分源氨氮排放情况

排放源	合计	工业源	农业源	生活源	集中式污染治理设施
排放量/万吨	49.4	4.0	0.5	44.7	0.2
占比/%	—	8.1	1.0	90.5	0.5

2.2.2　各地区及分源排放情况

氨氮排放量大于 2 万吨的地区有 12 个，依次为广东、江苏、四川、湖南、江西、山东、湖北、广西、河南、新疆、河北和安徽。12 个地区的氨氮排放量合计为 33.7 万吨，占全国氨氮排放量的 68.2%。生活源氨氮排放量排名前 3 位的地区依次为广东、四川和江苏。工业源氨氮排放量排名前 3 位的地区依次为江苏、江西和湖南。2018 年各地区氨氮排放情况见图 2-3。

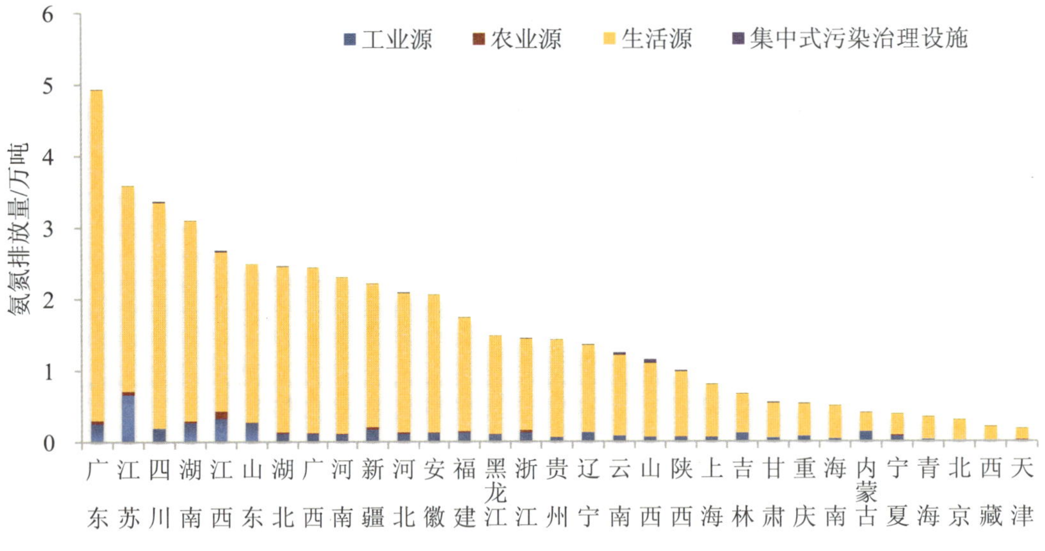

图 2-3　2018 年各地区氨氮排放情况

2.2.3　各工业行业排放情况

2018 年，各工业行业中氨氮排放量排名前 4 位的行业依次为化学原料和化学制品制造业、农副食品加工业、纺织业和食品制造业，排放量合计为 2.3 万吨，占全国工业源氨氮排放量的 57.0%。2018 年工业行业氨氮排放情况见图 2-4。

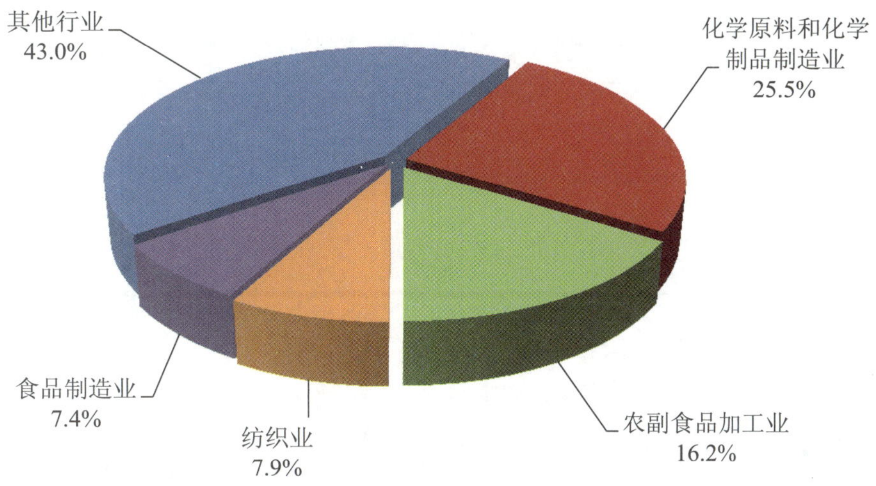

图 2-4　2018 年工业行业氨氮排放情况

2.3　总氮排放情况

2.3.1　全国及分源排放情况

2018 年，全国废水中总氮排放量为 120.2 万吨。其中，工业源总氮排放量为 14.4 万吨，占全国总氮排放量的 12.0%；农业源总氮排放量为 1.8 万吨，占全国总氮排放量的 1.5%；生活源总氮排放量为 103.6 万吨，占全国总氮排放量的 86.2%；集中式污染治理设施废水（含渗滤液）中总氮排放量为 0.4 万吨，占全国总氮排放量的 0.3%。2018 年全国及分源总氮排放情况见表 2-3。

表 2-3　2018 年全国及分源总氮排放情况

排放源	合计	工业源	农业源	生活源	集中式污染治理设施
排放量/万吨	120.2	14.4	1.8	103.6	0.4
占比/%	—	12.0	1.5	86.2	0.3

2.3.2　各地区及分源排放情况

总氮排放量大于 5 万吨的地区有 9 个，依次为广东、江苏、山东、四川、河南、湖南、湖北、浙江和河北。9 个地区的总氮排放量合计为 64.3 万吨，占全国总氮排放量的 53.5%。生活源总氮排放量排名前 3 位的地区依次为广东、江苏和四川。工业源总氮排放量排名前 3 位的地区依次为江苏、山东和广东。2018 年各地区总氮排放情况见图 2-5。

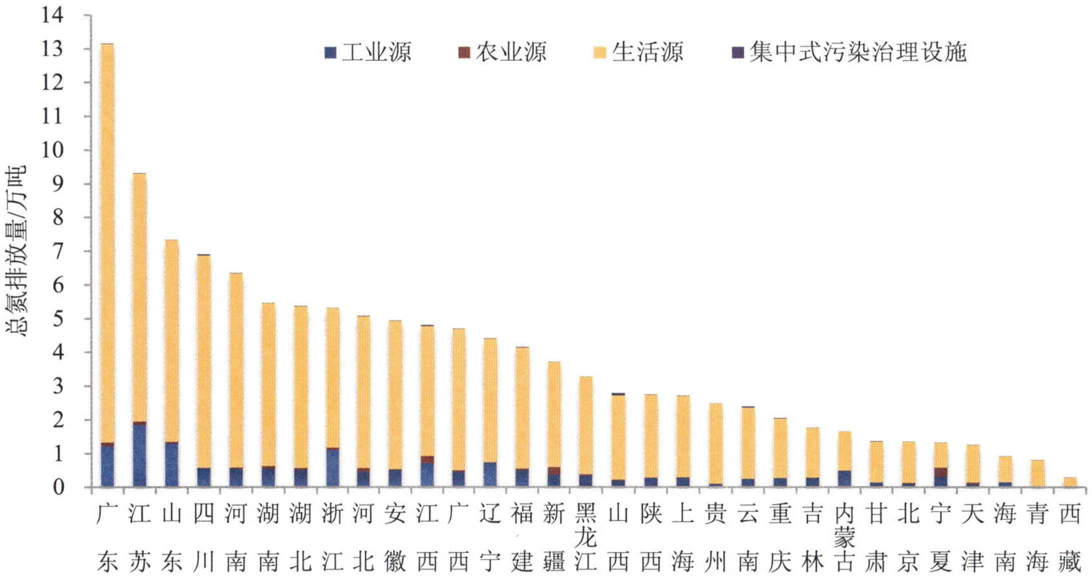

图 2-5　2018 年各地区总氮排放情况

2.3.3　各工业行业排放情况

2018 年，各工业行业中总氮排放量排名前 4 位的行业依次为化学原料和化学制品制造业、农副食品加工业、纺织业和食品制造业。4 个行业排放量合计为 8.2 万吨，占全国工业源总氮排放量的 56.8%。2018 年工业行业总氮排放情况见图 2-6。

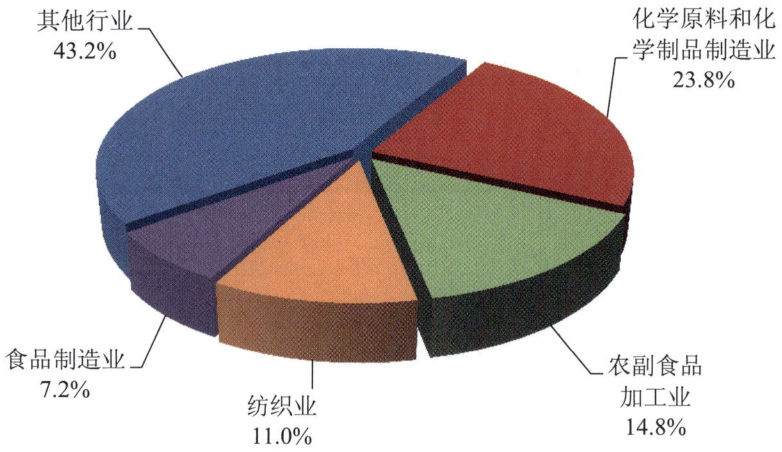

图 2-6　2018 年工业行业总氮排放情况

2.4 总磷排放情况

2.4.1 全国及分源排放情况

2018 年，全国废水中总磷排放量为 6.4 万吨。其中，工业源总磷排放量为 0.7 万吨，占全国总磷排放量的 11.6%；农业源总磷排放量为 0.2 万吨，占全国总磷排放量的 3.6%；生活源总磷排放量为 5.4 万吨，占全国总磷排放量的 84.7%；集中式污染治理设施废水（含渗滤液）中总磷排放量为 72.2 吨，占全国总磷排放量的 0.1%。2018 年全国及分源总磷排放情况见表 2-4。

表 2-4 2018 年全国及分源总磷排放情况

排放源	合计	工业源	农业源	生活源	集中式污染治理设施
排放量	6.4 万吨	0.7 万吨	0.2 万吨	5.4 万吨	72.2 吨
占比/%	—	11.6	3.6	84.7	0.1

2.4.2 各地区及分源排放情况

总磷排放量大于 0.3 万吨的地区有 7 个，依次为广东、江苏、湖南、广西、四川、江西和安徽。7 个地区的总磷排放量合计为 3.1 万吨，占全国总磷排放量的 48.2%。生活源总磷排放量排名前 3 位的地区依次为广东、湖南和江苏。工业源总磷排放量排名前 3 位的地区依次为江苏、广东和山东。2018 年各地区总磷排放情况见图 2-7。

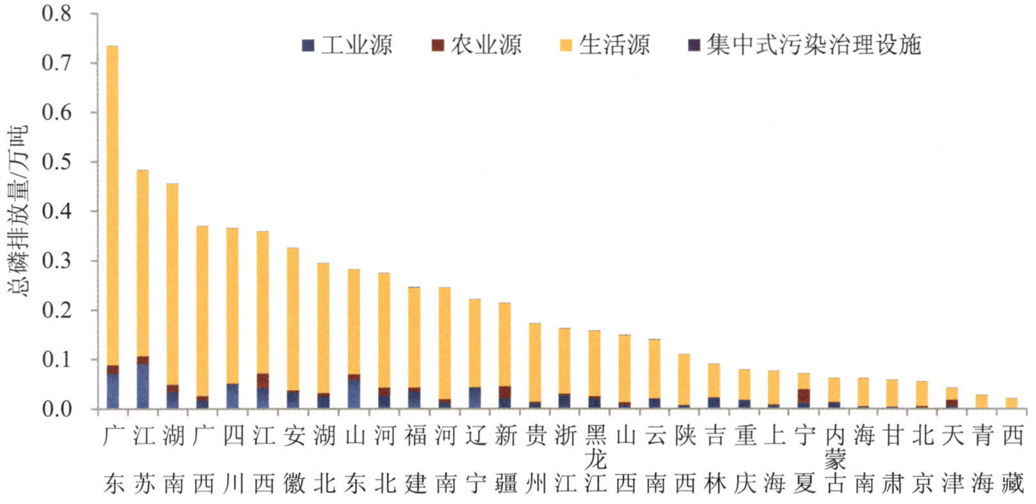

图 2-7 2018 年各地区总磷排放情况

2.4.3 各工业行业排放情况

2018 年，各工业行业中总磷排放量排名前 4 位的行业依次为农副食品加工业、化学原料和化学制品制造业、食品制造业、酒饮料和精制茶制造业。4 个行业排放量合计为 0.5 万吨，占全国工业源总磷排放量的 61.5%。2018 年工业行业总磷排放情况见图 2-8。

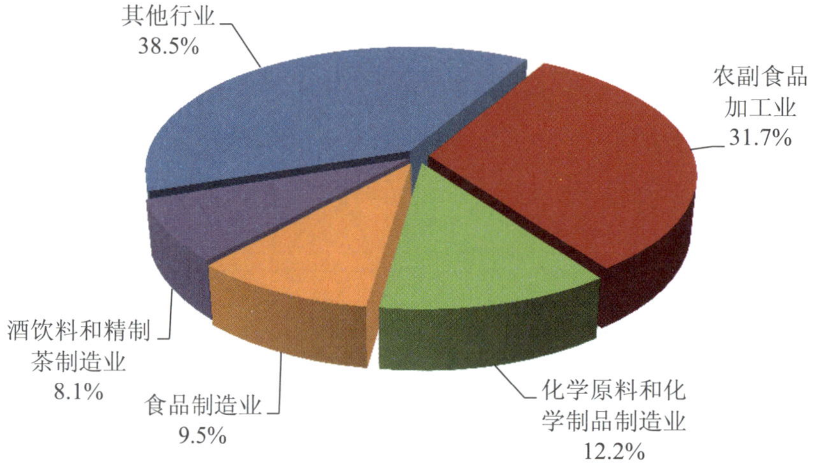

图 2-8　2018 年工业行业总磷排放情况

2.5 其他污染物排放情况

2018 年，全国废水中石油类排放量为 0.7 万吨；挥发酚排放量为 174.5 吨；氰化物排放量为 46.1 吨；重金属排放量为 128.8 吨。2018 年全国废水中其他污染物排放情况见表 2-5。

表 2-5　2018 年全国废水中其他污染物排放情况　　单位：吨

排放源＼污染物	石油类	挥发酚	氰化物	重金属
工业源	7 157.7	174.4	46.1	125.4
集中式污染治理设施	—	0.02	0.01	3.4
合计	7 157.7	174.5	46.1	128.8

3

废气污染物

3.1 二氧化硫排放情况

3.1.1 全国及分源排放情况

2018 年，全国二氧化硫排放量为 516.1 万吨。其中，工业源二氧化硫排放量为 446.7 万吨，占全国二氧化硫排放量的 86.6%；生活源二氧化硫排放量为 68.7 万吨，占全国二氧化硫排放量的 13.3%；集中式污染治理设施二氧化硫排放量为 0.7 万吨，占全国二氧化硫排放量的 0.1%。2018 年全国二氧化硫排放情况见表 3-1。

表 3-1　2018 年全国二氧化硫排放情况

排放源	合计	工业源	生活源	集中式污染治理设施
排放量/万吨	516.1	446.7	68.7	0.7
占比/%	—	86.6	13.3	0.1

注：集中式污染治理设施包括生活垃圾处理场（厂）和危险废物（医疗废物）集中处理厂焚烧废气中排放的污染物，下同。

3.1.2 各地区及分源排放情况

2018 年，二氧化硫排放量超过 30 万吨的地区依次为内蒙古、河北、山东、贵州、辽宁和江苏。6 个地区的二氧化硫排放量占全国二氧化硫排放量的 39.0%。工业源二氧化硫排放量最大的地区是内蒙古，生活源二氧化硫排放量最大的地区是湖南。2018 年各地区二氧化硫排放情况见图 3-1。

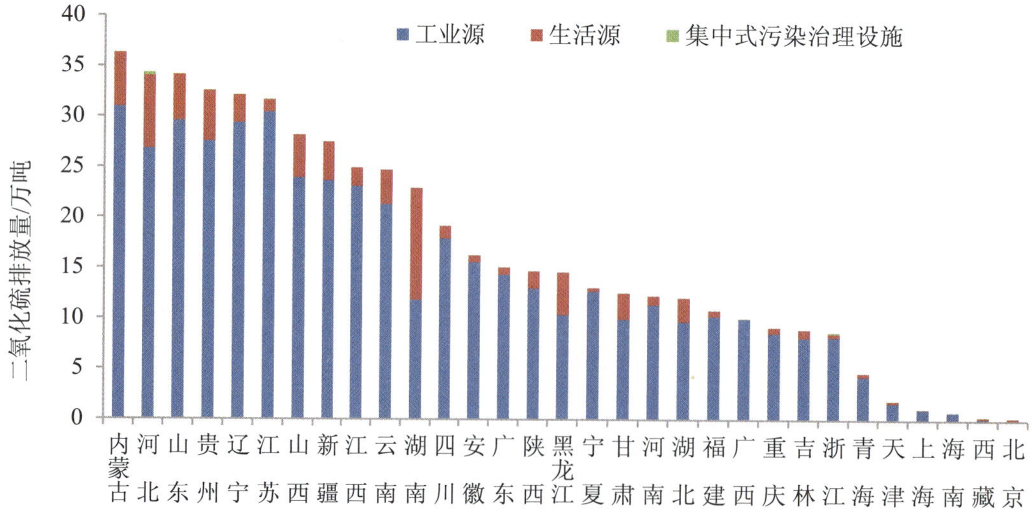

图 3-1　2018 年各地区二氧化硫排放情况

3.1.3 各工业行业排放情况

3.1.3.1 行业总体情况

2018 年，在调查统计的 42 个工业行业中，二氧化硫排放量排名前 3 位的行业依次为电力、热力生产和供应业，非金属矿物制品业，黑色金属冶炼和压延加工业。3 个行业的二氧化硫排放量合计为 298.8 万吨，占全国工业源二氧化硫排放量的 66.9%。2018 年工业行业二氧化硫排放情况见图 3-2。

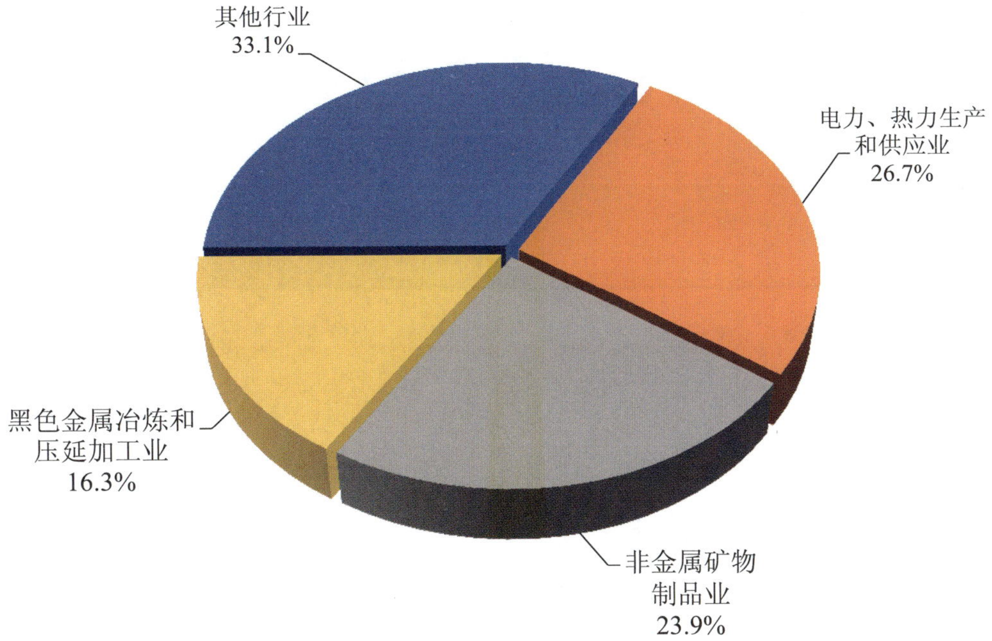

图 3-2 2018 年工业行业二氧化硫排放情况

3.1.3.2 电力、热力生产和供应业

2018 年，电力、热力生产和供应业二氧化硫排放量为 119.3 万吨，占全国工业源二氧化硫排放量的 26.7%。电力、热力生产和供应业二氧化硫排放量排名前 4 位的地区依次为贵州、江苏、辽宁和内蒙古。4 个地区电力、热力生产和供应业二氧化硫排放量占全国电力、热力生产和供应业二氧化硫排放量的 39.4%。2018 年各地区电力、热力生产和供应业二氧化硫排放情况见图 3-3。

2018 年，火力发电企业二氧化硫排放量为 54.2 万吨，占全国工业源二氧化硫排放量的 12.1%。火力发电企业二氧化硫排放量排名前 4 位的地区依次为贵州、江苏、内蒙古和广东。4 个地区的火力发电企业二氧化硫排放量占全国火力发电企业二氧化硫排放量的 51.6%。2018 年各地区火力发电企业二氧化硫排放情况见图 3-4。

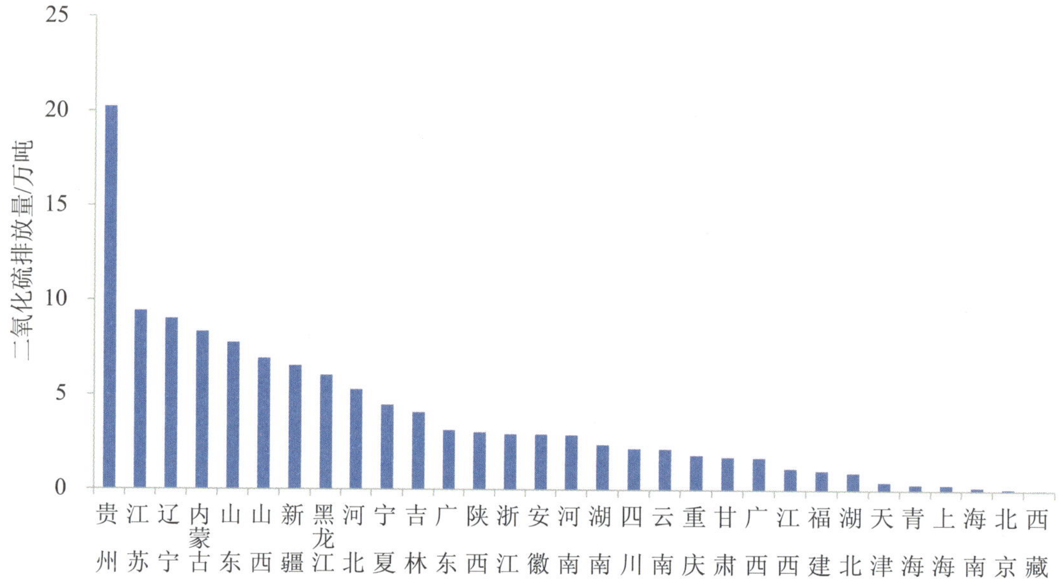

图 3-3　2018 年各地区电力、热力生产和供应业二氧化硫排放情况

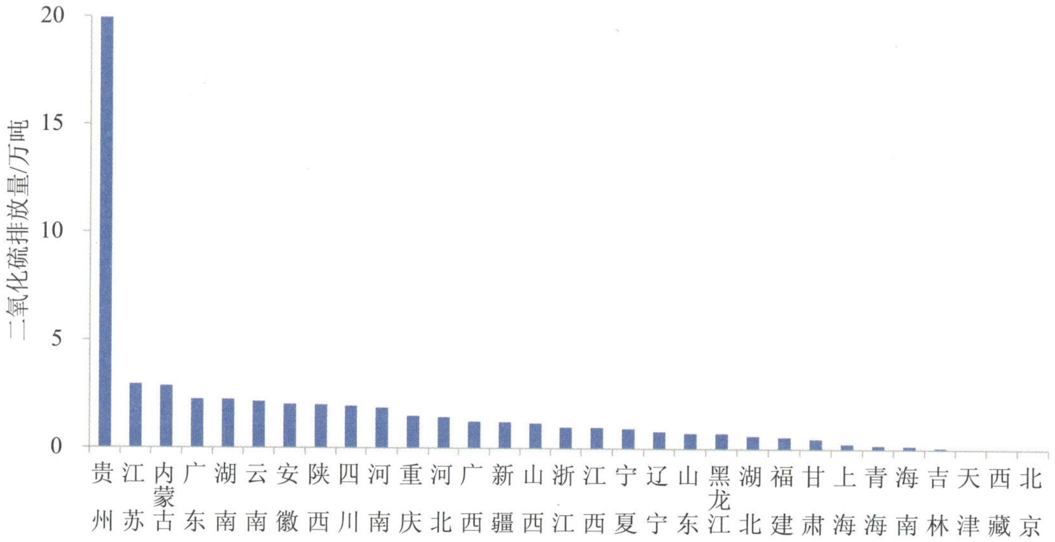

图 3-4　2018 年各地区火力发电企业二氧化硫排放情况

3.1.3.3　非金属矿物制品业

2018 年，非金属矿物制品业二氧化硫排放量为 106.8 万吨，占全国工业源二氧化硫排放量的 23.9%。非金属矿物制品业二氧化硫排放量排名前 4 位的地区依次为江西、辽宁、安徽和广东。4 个地区的非金属矿物制品业二氧化硫排放量占全国非金属矿物制品业二氧化硫排放量的 35.3%。2018 年各地区非金属矿物制品业二氧化硫排放情况见图 3-5。

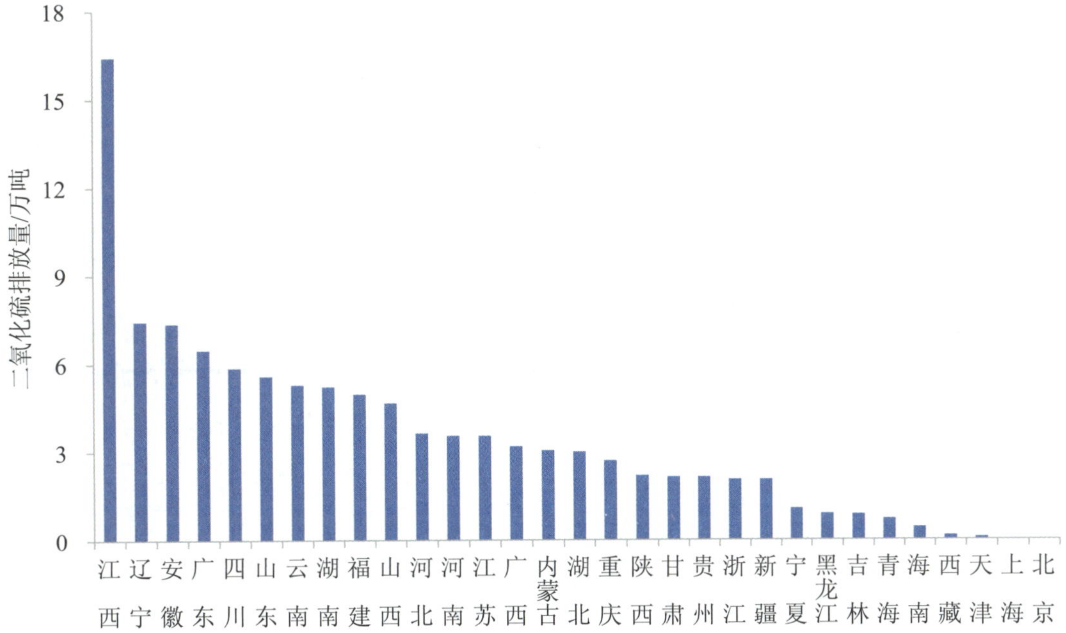

图 3-5 2018 年各地区非金属矿物制品业二氧化硫排放情况

3.1.3.4 黑色金属冶炼和压延加工业

2018 年，黑色金属冶炼和压延加工业二氧化硫排放量为 72.7 万吨，占全国工业源二氧化硫排放量的 16.3%。黑色金属冶炼和压延加工业二氧化硫排放量排名前 4 位的地区依次为河北、江苏、辽宁和内蒙古。4 个地区的黑色金属冶炼和压延加工业二氧化硫排放量占全国黑色金属冶炼和压延加工业二氧化硫排放量的 49.1%。2018 年各地区黑色金属冶炼和压延加工业二氧化硫排放情况见图 3-6。

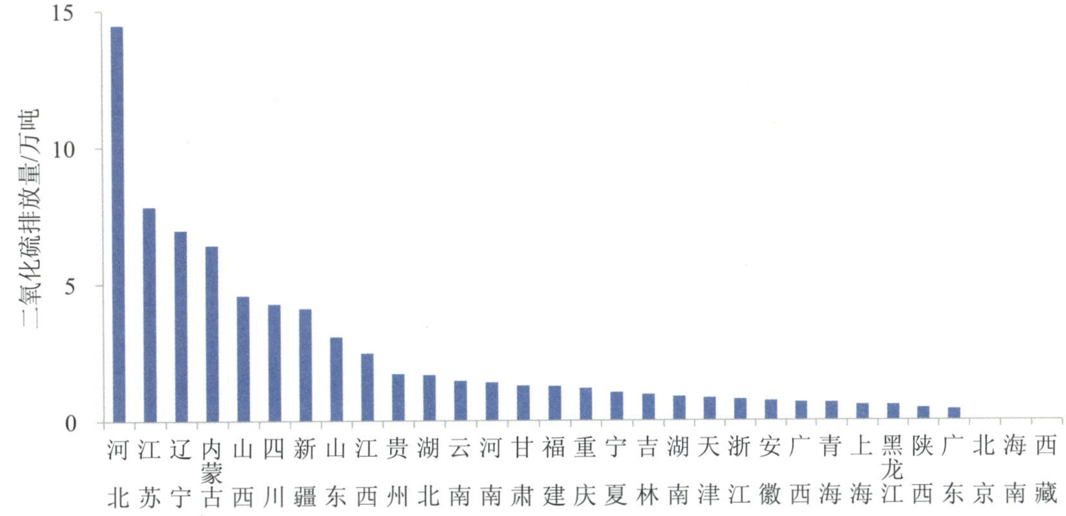

图 3-6 2018 年各地区黑色金属冶炼和压延加工业二氧化硫排放情况

3.2 氮氧化物排放情况

3.2.1 全国及分源排放情况

2018 年，全国氮氧化物排放量为 1 288.4 万吨。其中，工业源氮氧化物排放量为 588.7 万吨，占全国氮氧化物排放量的 45.7%；生活源氮氧化物排放量为 53.1 万吨，占全国氮氧化物排放量的 4.1%；机动车氮氧化物排放量为 644.6 万吨，占全国氮氧化物排放量的 50.0%；集中式污染治理设施氮氧化物排放量为 2.0 万吨，占全国氮氧化物排放量的 0.2%。2018 年全国氮氧化物排放情况见表 3-2。

表 3-2　2018 年全国氮氧化物排放情况

排放源	合计	工业源	生活源	机动车	集中式污染治理设施
排放量/万吨	1 288.4	588.7	53.1	644.6	2.0
占比/%	—	45.7	4.1	50.0	0.2

3.2.2 各地区及分源排放情况

2018 年，氮氧化物排放量超过 100 万吨的地区依次为河北和山东。2 个地区的氮氧化物排放量占全国氮氧化物排放量的 17.9%。工业源氮氧化物排放量最大的地区为河北，生活源氮氧化物排放量最大的地区是湖南，机动车氮氧化物排放量最大的地区为山东。2018 年各地区氮氧化物排放情况见图 3-7。

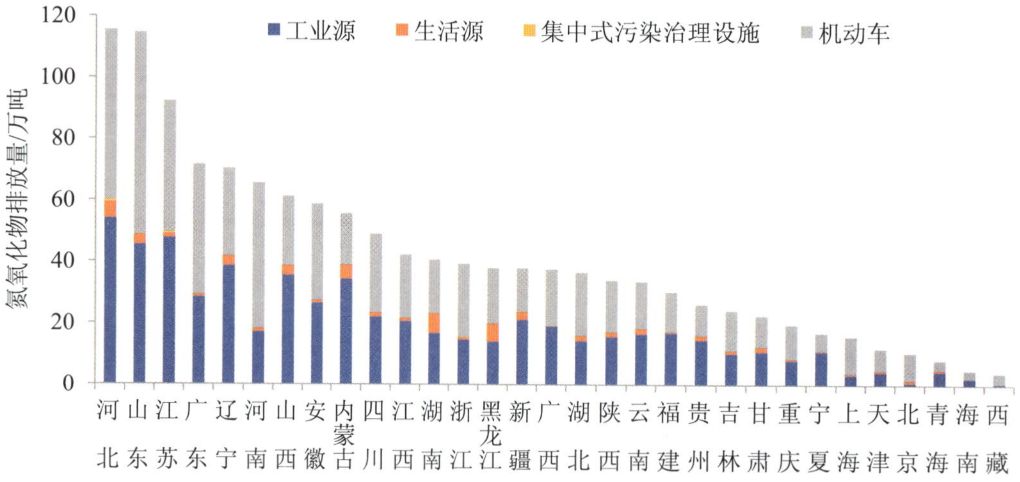

图 3-7　2018 年各地区氮氧化物排放情况

3.2.3 各工业行业排放情况

3.2.3.1 行业总体情况

2018 年，在调查统计的 42 个工业行业中，氮氧化物排放量排名前 3 位的工业行业依次为非金属矿物制品业，电力、热力生产和供应业，黑色金属冶炼和压延加工业。3 个行业氮氧化物排放量合计为 443.2 万吨，占全国工业源氮氧化物排放量的 75.3%。2018 年工业行业氮氧化物排放情况见图 3-8。

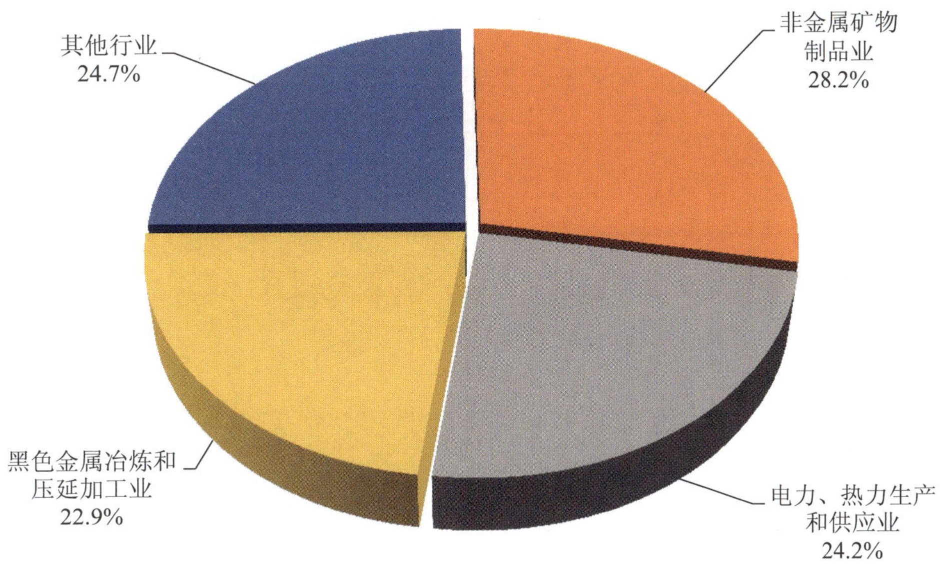

图 3-8 2018 年工业行业氮氧化物排放情况

3.2.3.2 电力、热力生产和供应业

2018 年，电力、热力生产和供应业氮氧化物排放量为 142.4 万吨，占全国工业源氮氧化物排放量的 24.2%。电力、热力生产和供应业氮氧化物排放量排名前 4 位的地区依次为山东、内蒙古、江苏和辽宁。4 个地区的电力、热力生产和供应业氮氧化物排放量占全国电力、热力生产和供应业氮氧化物排放量的 35.7%。2018 年各地区电力、热力生产和供应业氮氧化物排放情况见图 3-9。

火力发电企业氮氧化物排放量为 57.9 万吨，占全国工业源氮氧化物排放量的 9.8%。火力发电企业氮氧化物排放量排名前 4 位的地区依次为贵州、江苏、内蒙古和广东。4 个地区的火力发电企业氮氧化物排放量占全国火力发电企业氮氧化物排放量的 35.1%。2018 年各地区火力发电企业氮氧化物排放情况见图 3-10。

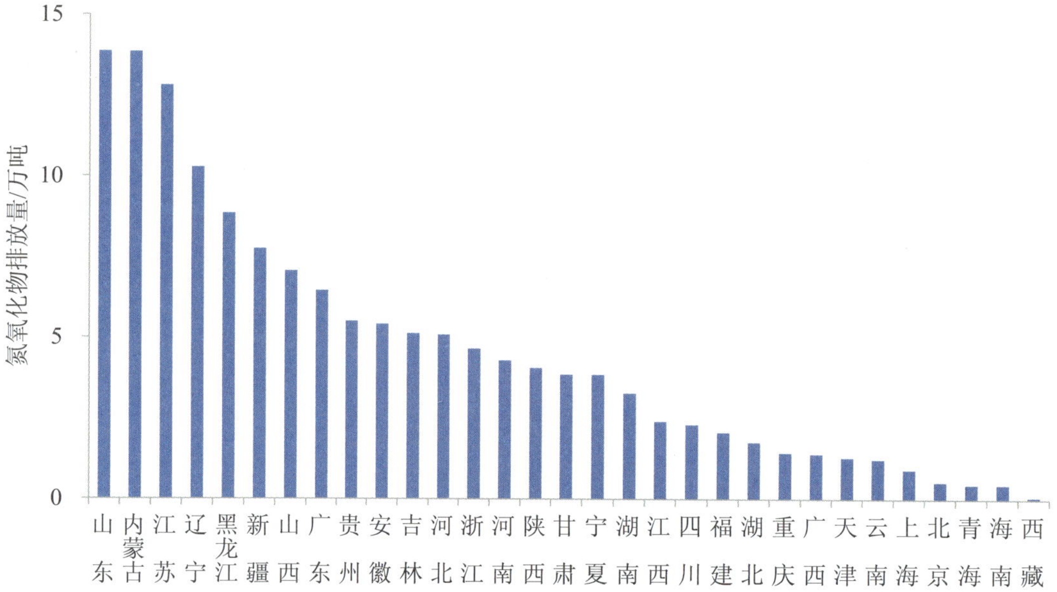

图 3-9　2018 年各地区电力、热力生产和供应业氮氧化物排放情况

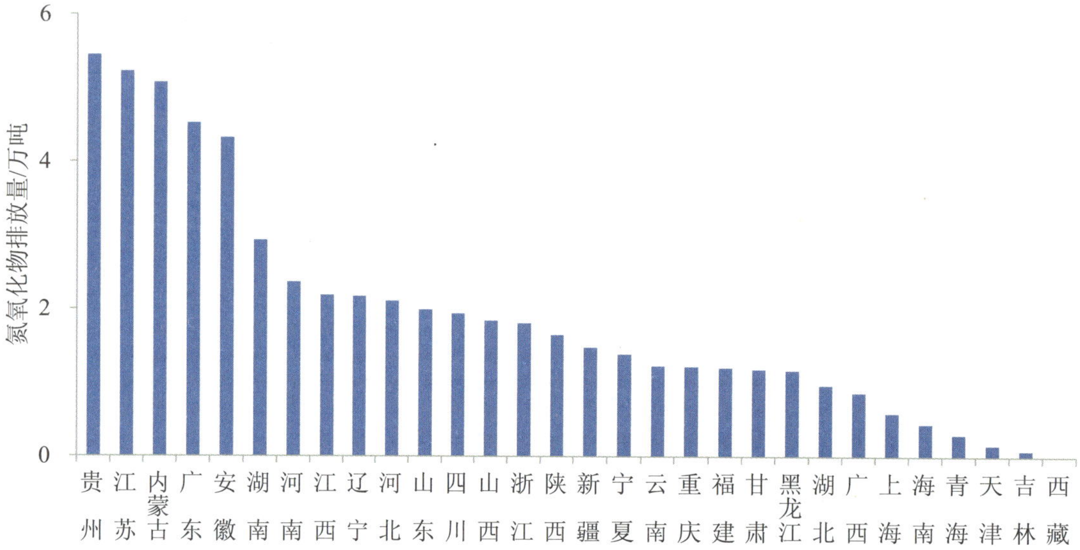

图 3-10　2018 年各地区火力发电企业氮氧化物排放情况

3.2.3.3　非金属矿物制品业

2018 年，非金属矿物制品业氮氧化物排放量为 166.2 万吨，占全国工业源氮氧化物排放量的 28.2%。非金属矿物制品业氮氧化物排放量排名前 4 位的地区依次为广东、安徽、江西和广西。4 个地区的非金属矿物制品业氮氧化物排放量占全国非金属矿物制品业氮氧化物排放量的 29.4%。2018 年各地区非金属矿物制品业氮氧化物排放情况见图 3-11。

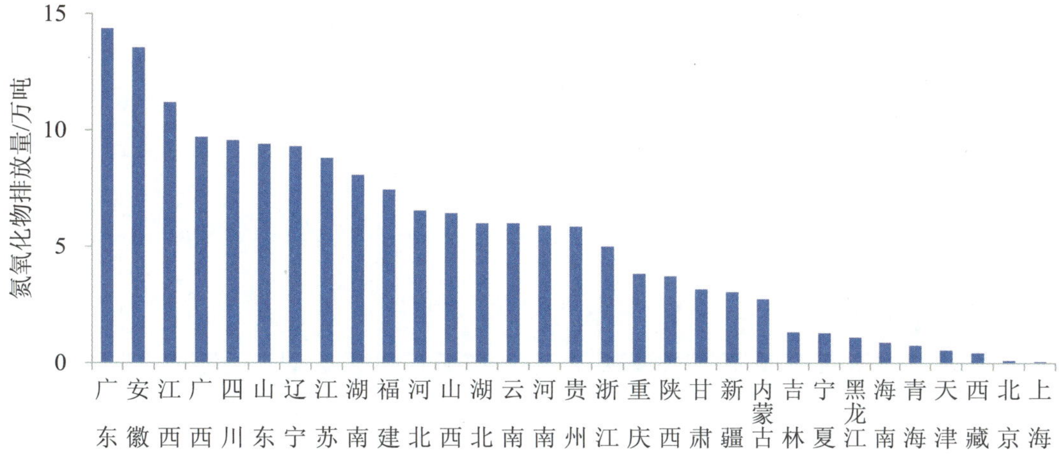

图 3-11　2018 年各地区非金属矿物制品业氮氧化物排放情况

2018 年，水泥制造企业（以下简称水泥企业）氮氧化物排放量为 78.0 万吨，占非金属矿物制品业氮氧化物排放量的 46.9%。水泥企业氮氧化物排放量排名前 4 位的地区依次为安徽、广东、湖南和广西。4 个地区的水泥企业氮氧化物排放量占全国水泥企业氮氧化物排放量的 30.3%。2018 年各地区水泥企业氮氧化物排放情况见图 3-12。

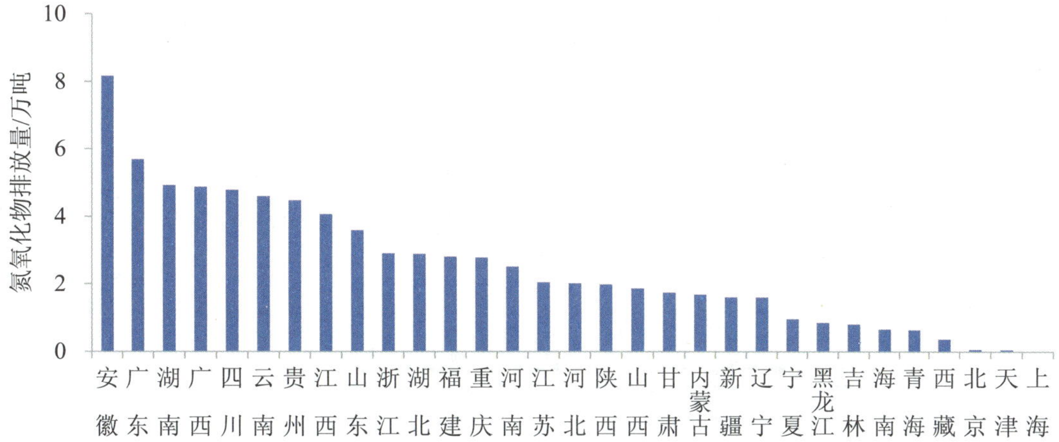

图 3-12　2018 年各地区水泥企业氮氧化物排放情况

3.2.3.4　黑色金属冶炼和压延加工业

2018 年，黑色金属冶炼和压延加工业氮氧化物排放量为 134.6 万吨，占全国工业源氮氧化物排放量的 22.9%。黑色金属冶炼和压延加工业氮氧化物排放量排名前 4 位的地区依次为河北、江苏、辽宁和山西。4 个地区黑色金属冶炼和压延加工业氮氧化物排放量占全国黑色金属冶炼和压延加工业氮氧化物排放量的 55.3%。2018 年各地区黑色金属冶炼和压延加工业氮氧化物排放情况见图 3-13。

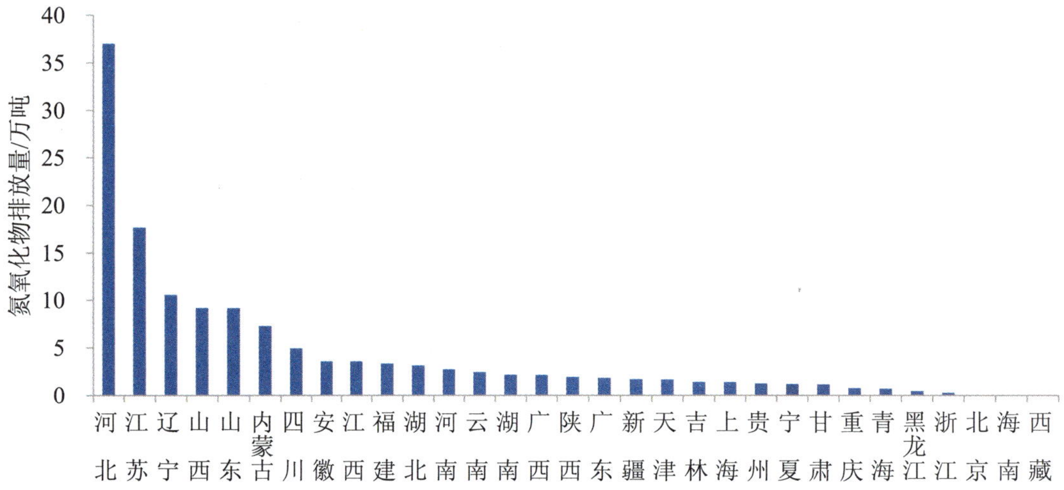

图 3-13　2018 年各地区黑色金属冶炼和压延加工业氮氧化物排放情况

3.3　颗粒物排放情况

3.3.1　全国及分源排放情况

2018 年，全国颗粒物排放量为 1 132.3 万吨。其中，工业源颗粒物排放量为 948.9 万吨，占全国颗粒物排放量的 83.8%；生活源颗粒物排放量为 173.1 万吨，占全国颗粒物排放量的 15.3%；机动车颗粒物排放量为 9.9 万吨，占全国颗粒物排放量的 0.9%；集中式污染治理设施颗粒物排放量为 0.3 万吨。2018 年全国颗粒物排放情况见表 3-3。

表 3-3　2018 年全国颗粒物排放情况

排放源	合计	工业源	生活源	机动车	集中式污染治理设施
排放量/万吨	1 132.3	948.9	173.1	9.9	0.3
占比/%	—	83.8	15.3	0.9	…

注：“…”表示由于数字太小，修约后小于保留的最小位数无法显示；下同。

3.3.2　各地区及分源排放情况

2018 年，颗粒物排放量超过 60 万吨的地区为内蒙古、辽宁和广东。3 个地区的颗粒物排放量占全国颗粒物排放量的 20.9%。工业源颗粒物排放量最大的地区是内蒙古，生活源颗粒物排放量最大的地区是湖南，机动车颗粒物排放量最大的地区是河北。2018 年各地区颗粒物排放情况见图 3-14。

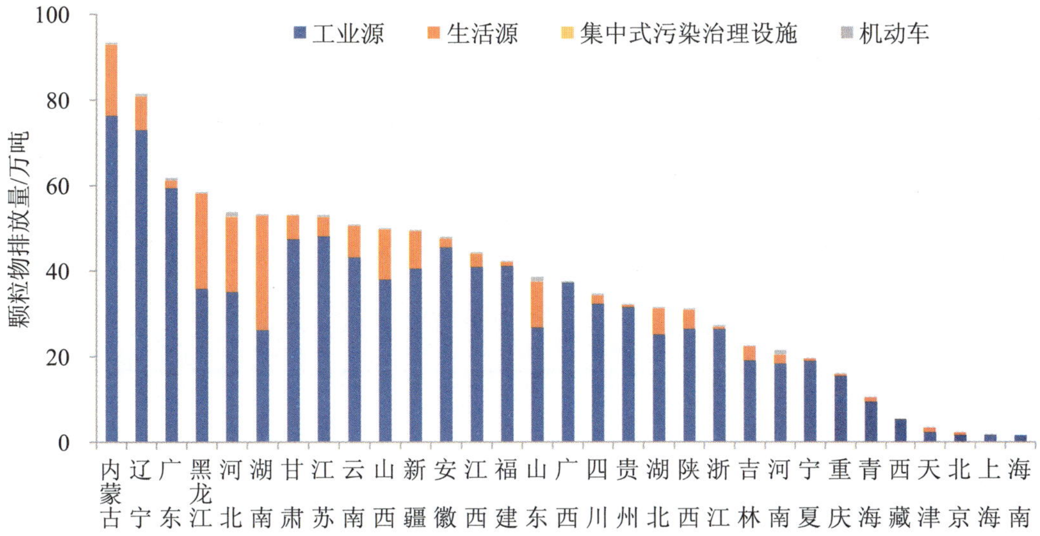

图 3-14　2018 年各地区颗粒物排放情况

3.3.3　各工业行业排放情况

3.3.3.1　行业总体情况

2018 年，颗粒物排放量排名前 3 位的工业行业依次为非金属矿物制品业，黑色金属冶炼和压延加工业，煤炭开采和洗选业。3 个行业共排放颗粒物 559.3 万吨，占全国工业源颗粒物排放量的 58.9%。2018 年工业行业颗粒物排放情况见图 3-15。

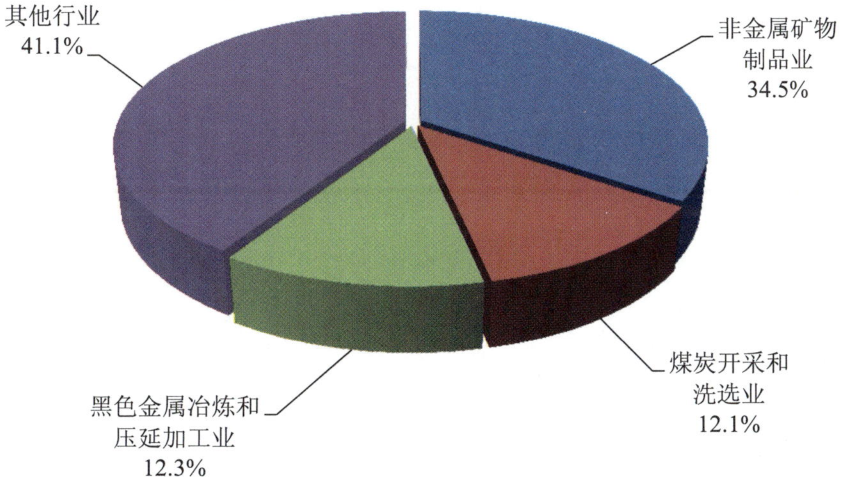

图 3-15　2018 年工业行业颗粒物排放情况

3.3.3.2　电力、热力生产和供应业

2018 年，电力、热力生产和供应业颗粒物排放量为 74.4 万吨，占全国工业源颗粒物排放量的 7.8%。电力、热力生产和供应业颗粒物排放量排名前 4 位的地区依次为黑龙江、内蒙古、辽宁和贵州。4 个地区的电力、热力生产和供应业颗粒物排放量占全国电力、热力生产和供应业颗粒物排放量的 43.0%。2018 年各地区电力、热力生产和供应业颗粒物排放情况见图 3-16。

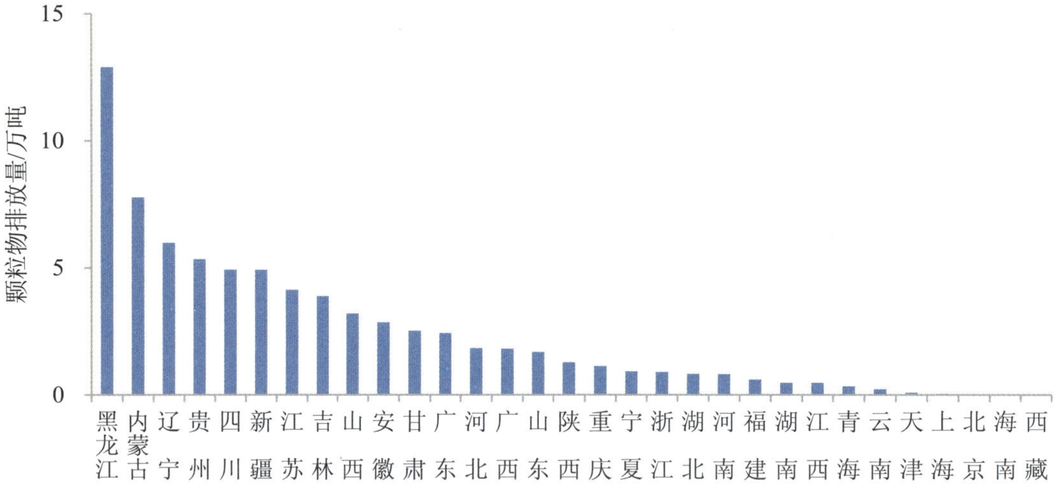

图 3-16　2018 年各地区电力、热力生产和供应业颗粒物排放情况

2018 年，火力发电企业颗粒物排放量为 32.4 万吨，占全国工业源颗粒物排放量的 3.4%。火力发电企业颗粒物排放量排名前 4 位的地区依次为贵州、四川、黑龙江和内蒙古。4 个地区的火力发电企业颗粒物排放量占全国火力发电企业颗粒物排放量的 56.3%。2018 年各地区火力发电企业颗粒物排放情况见图 3-17。

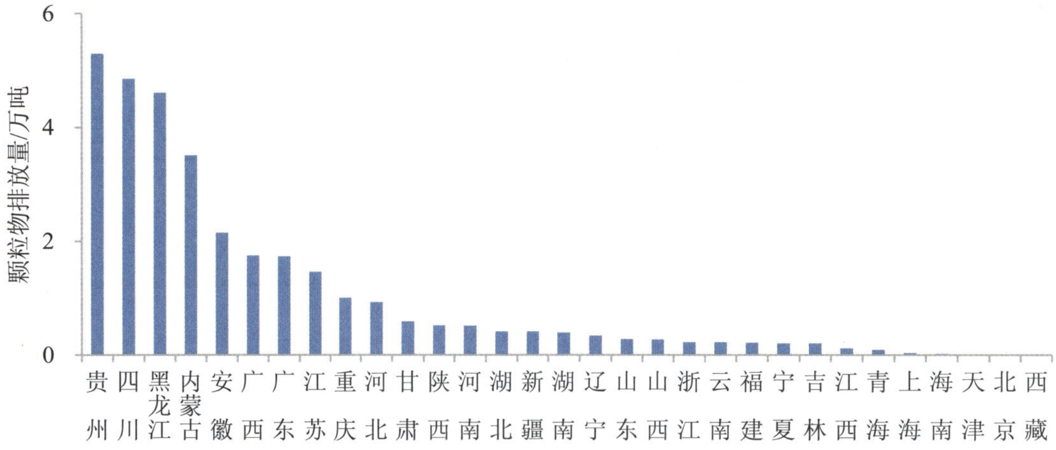

图 3-17　2018 年各地区火力发电企业颗粒物排放情况

3.3.3.3　非金属矿物制品业

2018 年，非金属矿物制品业颗粒物排放量为 327.5 万吨，占全国工业源颗粒物排放量的 34.5%。非金属矿物制品业颗粒物排放量排名前 4 位的地区依次为广东、辽宁、安徽和江西。4 个地区的非金属矿物制品业颗粒物排放量占全国非金属矿物制品业颗粒物排放量的 32.3%。2018 年各地区非金属矿物制品业颗粒物排放情况见图 3-18。

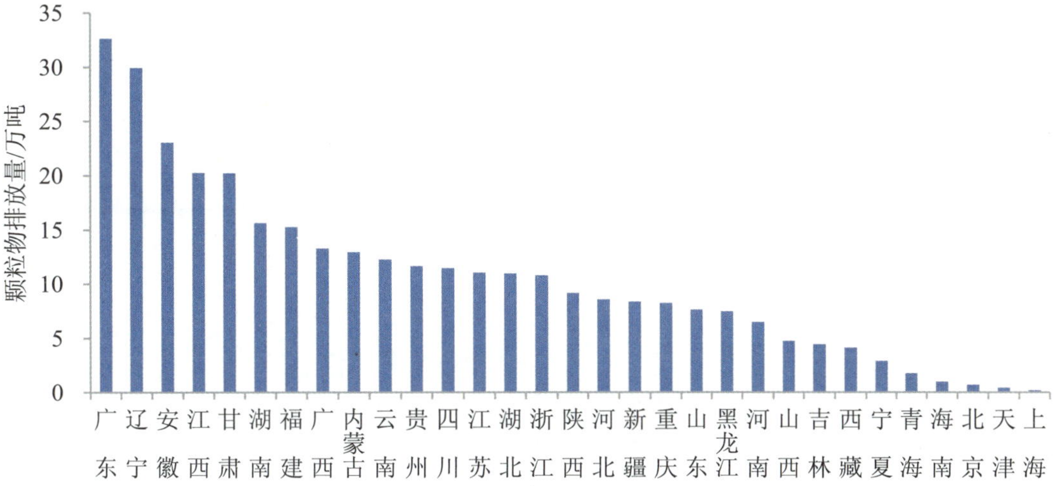

图 3-18　2018 年各地区非金属矿物制品业颗粒物排放情况

2018 年，水泥企业颗粒物排放量为 205.4 万吨，占全国非金属矿物制品业颗粒物排放量的 62.7%。水泥企业颗粒物排放量排名前 4 位的地区依次为安徽、甘肃、湖南和广东。4 个地区的水泥企业颗粒物排放量占全国水泥企业颗粒物排放量的 37.1%。2018 年各地区水泥企业颗粒物排放情况见图 3-19。

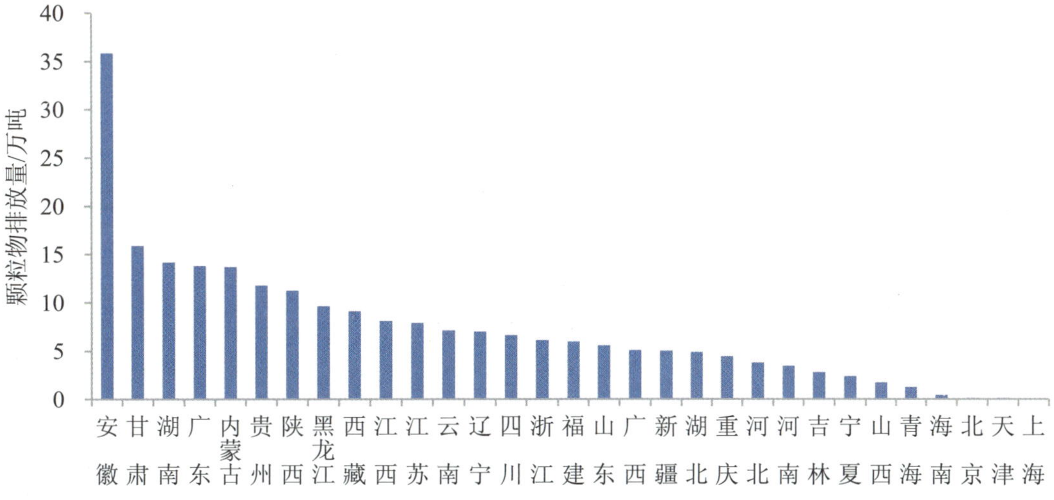

图 3-19　2018 年各地区水泥企业颗粒物排放情况

3.3.3.4　黑色金属冶炼和压延加工业

2018 年，黑色金属冶炼和压延加工业颗粒物排放量为 116.6 万吨，占全国工业源颗粒物排放量的 12.3%。黑色金属冶炼和压延加工业颗粒物排放量排名前 4 位的地区依次为辽宁、江苏、河北和甘肃。4 个地区的黑色金属冶炼和压延加工业颗粒物排放量占全国黑色金属冶炼和压延加工业颗粒物排放量的 43.4%。2018 年各地区黑色金属冶炼和压延加工业颗粒物排放情况见图 3-20。

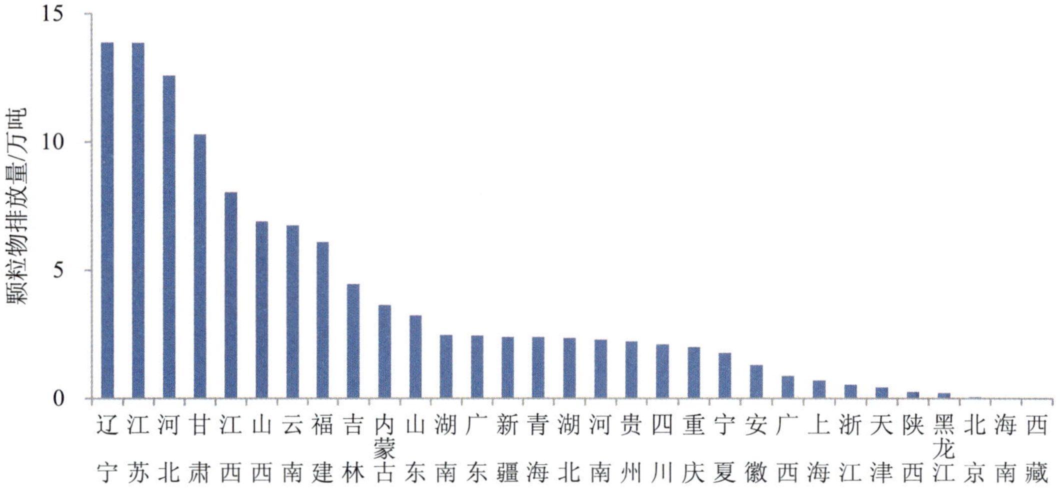

图 3-20 2018 年各地区黑色金属冶炼和压延加工业颗粒物排放情况

4

工业固体废物和危险废物

4.1　一般工业固体废物产生、综合利用和处置情况

4.1.1　全国及各地区产生、综合利用和处置情况

2018 年，全国一般工业固体废物产生量为 40.8 亿吨，综合利用量为 21.7 亿吨，处置量为 10.3 亿吨。

一般工业固体废物产生量排名前 5 位的地区依次为山西、内蒙古、河北、山东和辽宁，均超过 2 亿吨，分别占全国一般工业固体废物产生量的 11.8%、9.0%、7.9%、7.4%和 5.6%。2018 年各地区一般工业固体废物产生情况见图 4-1。

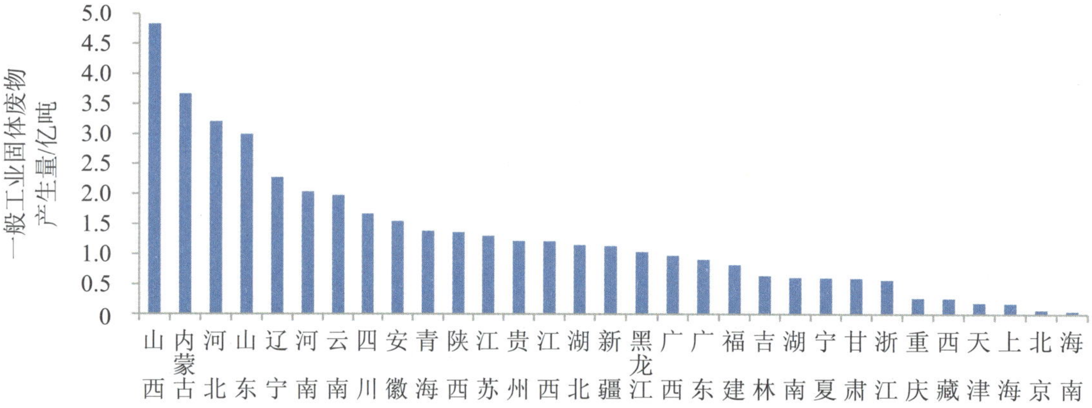

图 4-1　2018 年各地区一般工业固体废物产生情况

一般工业固体废物综合利用量排名前 5 位的地区依次为山东、河北、山西、安徽和江苏，分别占全国一般工业固体废物综合利用量的 11.0%、8.1%、7.8%、6.1%和 5.5%。2018 年各地区一般工业固体废物综合利用情况见图 4-2。

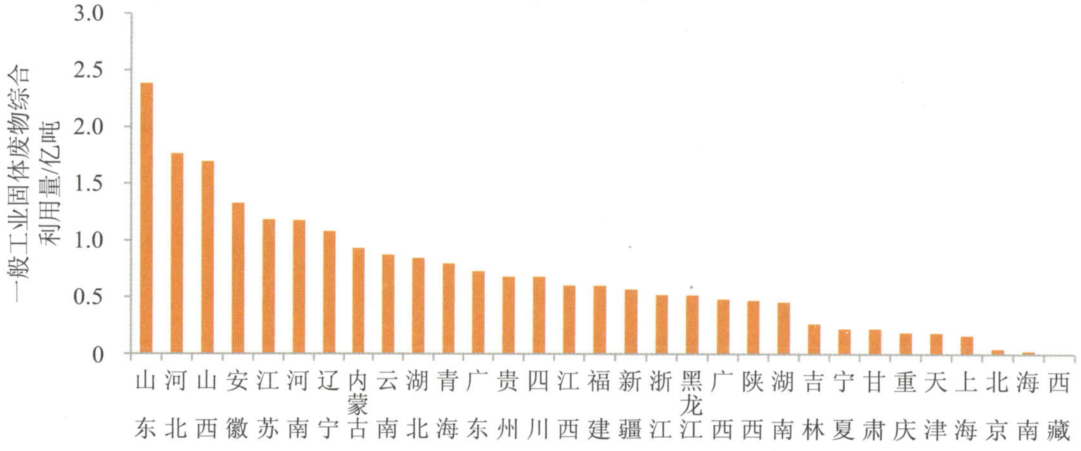

图 4-2　2018 年各地区一般工业固体废物综合利用情况

一般工业固体废物处置量较大的地区主要集中在山西和内蒙古，处置量分别为 2.6 亿吨和 1.5 亿吨，占全国处置量的 24.8%和 14.9%。2018 年各地区一般工业固体废物处置情况见图 4-3。

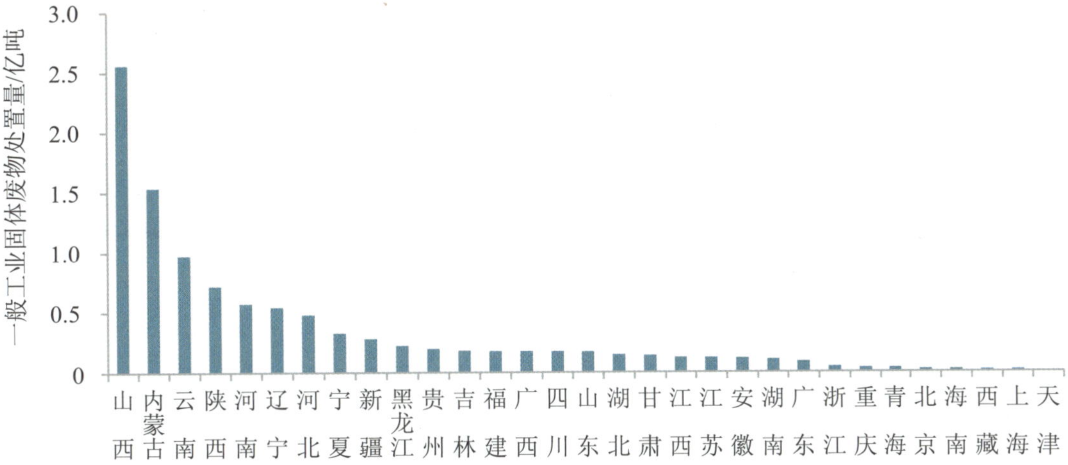

图 4-3　2018 年各地区一般工业固体废物处置情况

4.1.2　各工业行业产生、综合利用和处置情况

一般工业固体废物产生量排名前 5 位的行业依次为电力、热力生产和供应业，有色金属矿采选业，煤炭开采和洗选业，黑色金属冶炼和压延加工业，黑色金属矿采选业，均超过 5 亿吨，分别占全国一般工业固体废物产生量的 18.2%、14.8%、13.5%、12.8%和 12.4%。2018 年一般工业固体废物产生量行业构成见图 4-4。

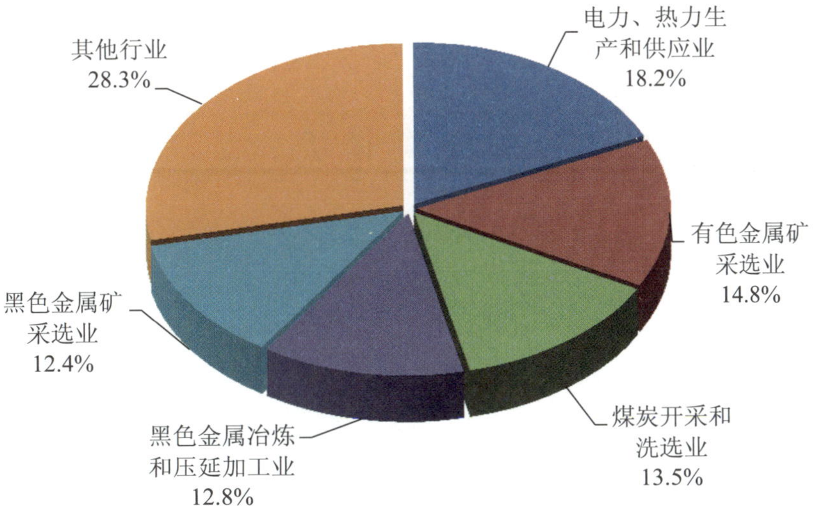

图 4-4　2018 年一般工业固体废物产生量行业构成

一般工业固体废物综合利用量排名前 5 位的行业依次为电力、热力生产和供应业，

黑色金属冶炼和压延加工业，煤炭开采和洗选业，化学原料和化学制品制造业和黑色金属矿采选业，均超过 1 亿吨，分别占全国一般工业固体废物综合利用量的 24.7%、20.9%、12.1%、10.1%和 5.2%。

一般工业固体废物处置量排名前 5 位的行业依次为有色金属矿采选业，煤炭开采和洗选业，电力、热力生产和供应业，黑色金属矿采选业和化学原料和化学制品制造业，分别占全国工业企业一般工业固体废物处置量的 24.7%、22.6%、14.2%、11.8%和 5.6%。2018 年主要行业一般工业固体废物综合利用和处置情况见图 4-5。

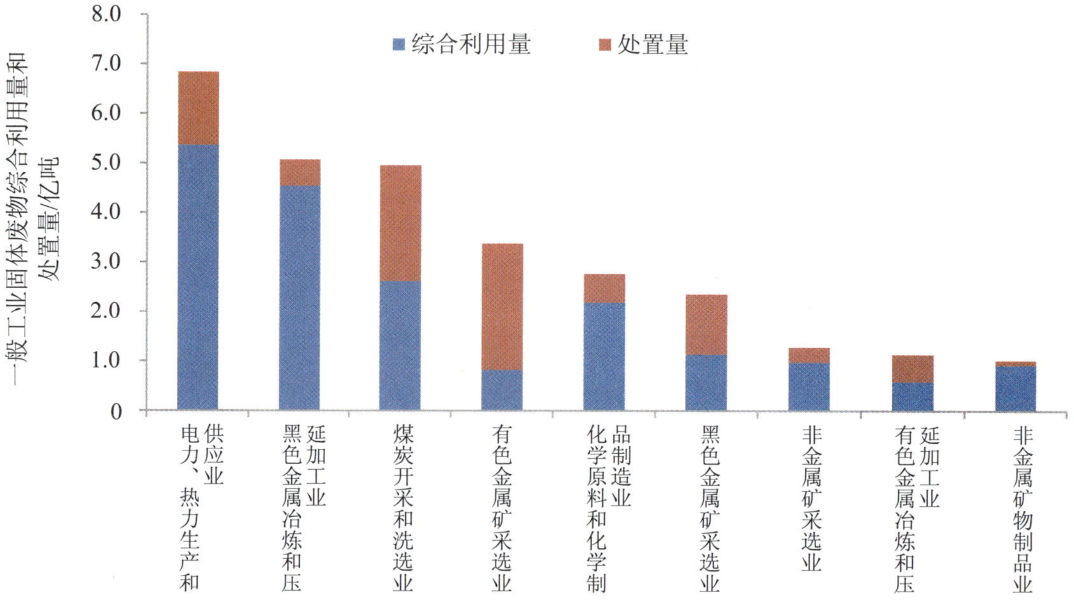

图 4-5　2018 年主要行业一般工业固体废物综合利用和处置情况

4.2　危险废物产生和利用处置情况

4.2.1　全国及各地区产生和利用处置情况

2018 年，全国工业危险废物产生量为 7 470.0 万吨，全国工业危险废物利用处置量为 6 788.5 万吨。

工业危险废物产生量排名前 5 位的地区依次是山东、内蒙古、湖南、江苏和浙江，分别占全国工业危险废物产生量的 11.1%、9.2%、8.5%、8.0%和 6.0%。2018 年各地区工业危险废物产生情况见图 4-6。

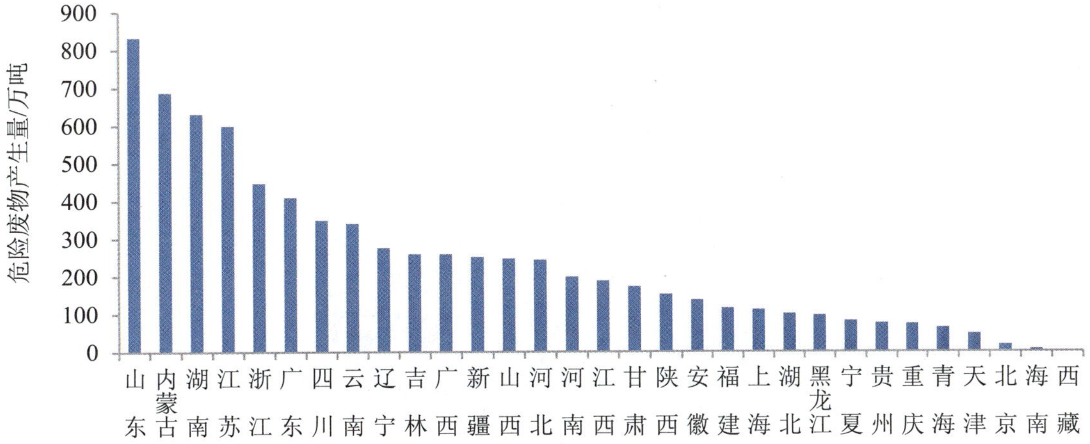

图 4-6　2018 年各地区工业危险废物产生情况

工业危险废物利用处置量排名前 5 位的地区依次为山东、内蒙古、湖南、江苏和浙江，分别占全国工业危险废物利用处置量的 11.4%、9.6%、9.1%、8.3%和 6.5%。2018 年各地区工业危险废物利用处置情况见图 4-7。

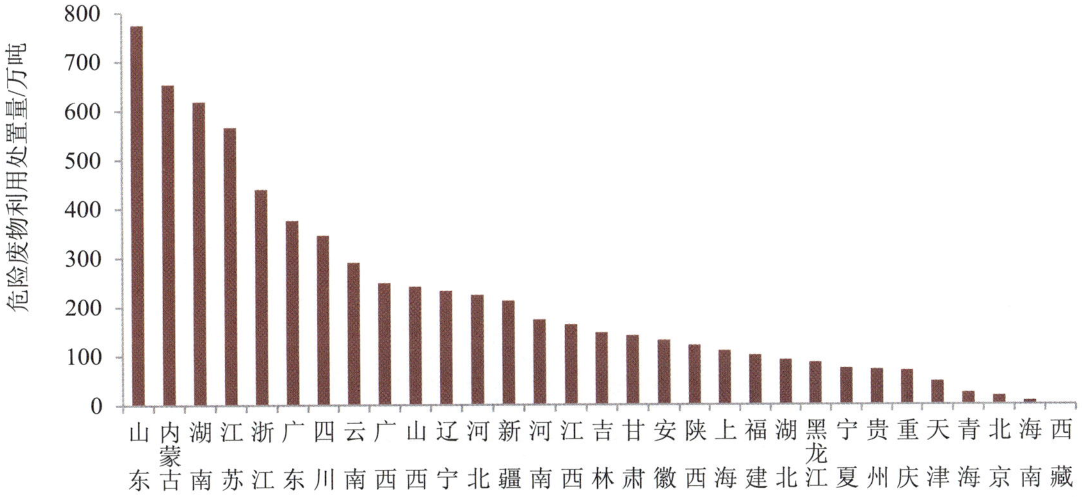

图 4-7　2018 年各地区工业危险废物利用处置情况

4.2.2　各工业行业产生和利用处置情况

工业危险废物产生量排名前 5 位的行业依次为化学原料和化学制品制造业，有色金属冶炼和压延加工业，石油、煤炭及其他燃料加工业，黑色金属冶炼和压延加工业，有色金属矿采选业。5 个行业的工业危险废物产生量占全国工业危险废物产生量的 66.6%。2018 年工业危险废物产生量行业分布情况见图 4-8。

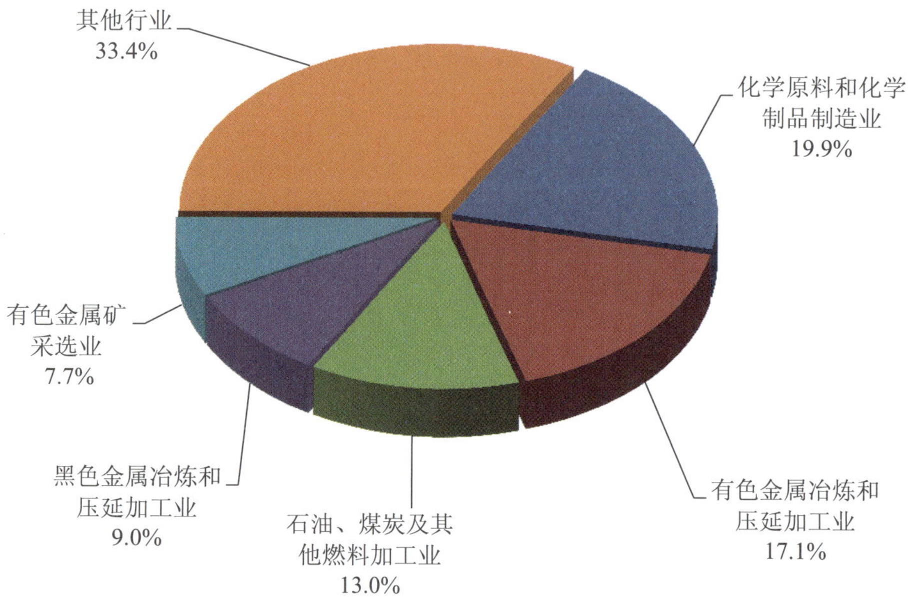

图 4-8　2018 年工业危险废物产生量行业分布情况

工业危险废物利用处置量排名前 5 位的行业依次为化学原料和化学制品制造业，有色金属冶炼和压延加工业，石油、煤炭及其他燃料加工业，黑色金属冶炼和压延加工业，电力、热力生产和供应业，5 个行业的工业危险废物利用处置量占全国工业危险废物利用处置量的 66.6%。2018 年工业行业危险废物利用处置情况见图 4-9。

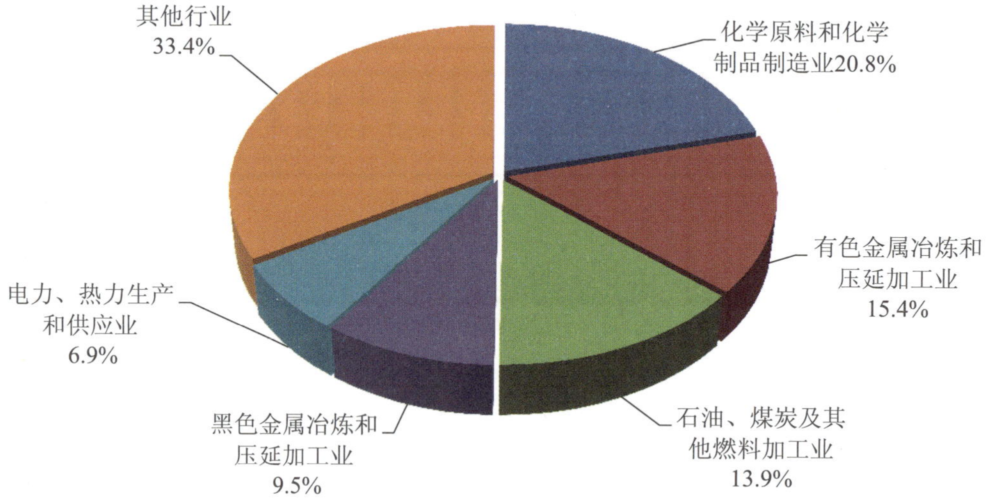

图 4-9　2018 年工业行业危险废物利用处置情况

5

污染治理设施

5.1　工业企业污染治理情况

5.1.1　工业废水治理情况

2018 年，全国纳入调查的涉水工业企业共有 71 318 家，废水治理设施共有 63 412 套，设计处理能力为 1.6 亿吨/日，年运行费用为 669.2 亿元，全年共处理工业废水 294.4 亿吨。工业废水治理设施数量排名前 3 位的地区依次为广东、浙江和江苏，工业废水处理量排名前 3 位的地区依次为江苏、河北和山东。2018 年各地区工业废水治理设施数见图 5-1。2018 年各地区工业废水处理情况见图 5-2。

在调查统计的 42 个行业中，废水治理设施数量排名前 3 位的行业依次为农副食品加工业、化学原料和化学制品制造业以及金属制品业。工业废水处理量排名前 3 位的行业依次为黑色金属冶炼和压延加工业，造纸和纸制品业以及纺织业。2018 年工业行业废水治理设施数占比见图 5-3。2018 年工业行业废水处理量占比见图 5-4。

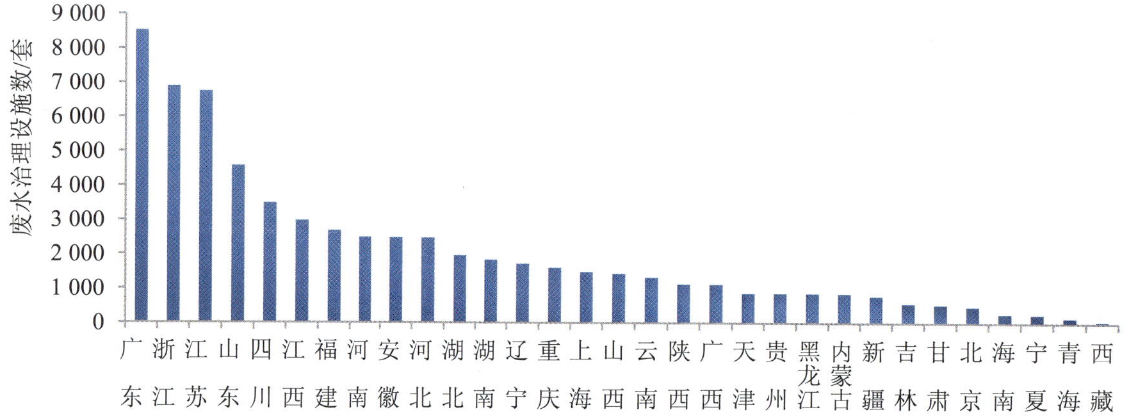

图 5-1　2018 年各地区工业废水治理设施数

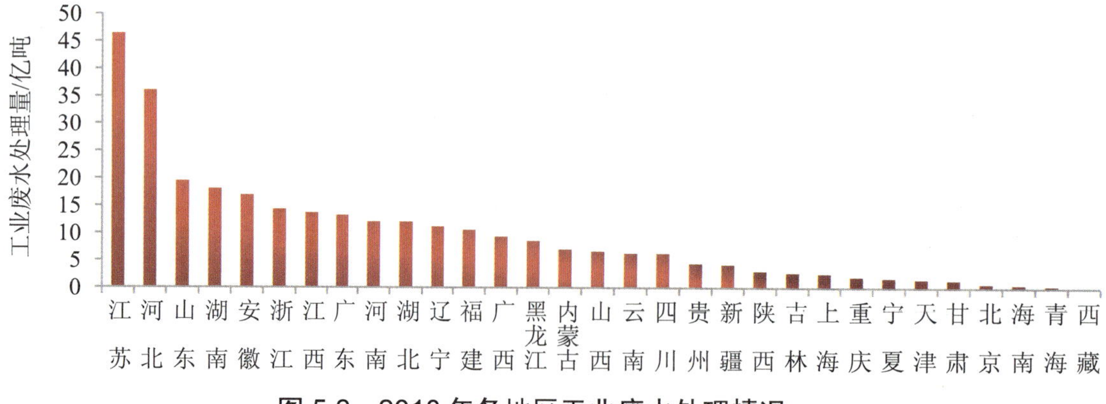

图 5-2　2018 年各地区工业废水处理情况

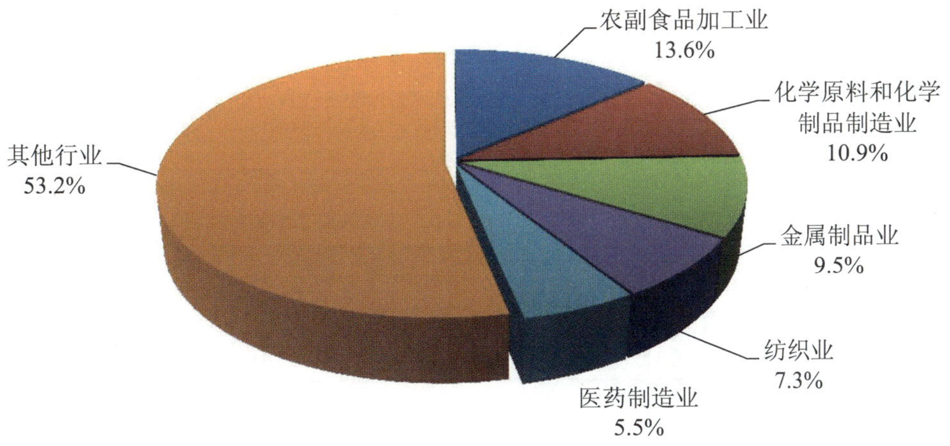

图 5-3　2018 年工业行业废水治理设施数占比

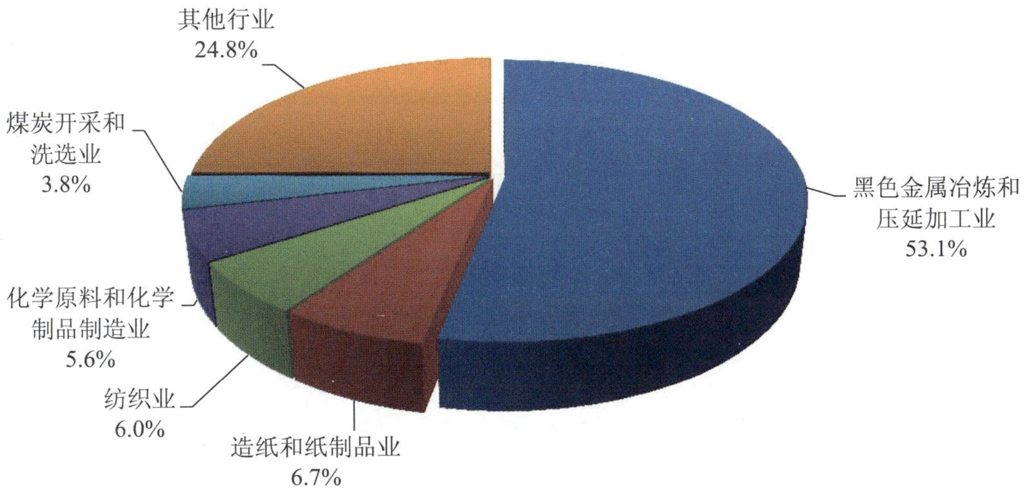

图 5-4　2018 年工业行业废水处理量占比

5.1.2　工业废气治理情况

2018 年，全国纳入调查的涉气工业企业共有 112 509 家，废气治理设施共有 246 558 套，其中脱硫设施 41 741 套，脱硝设施 21 815 套，除尘设施 129 907 套，VOCs 治理设施 53 095 套，年运行费用为 2 172.8 亿元。工业废气治理设施数量排名前 3 位的地区依次为山东、广东和河北。2018 年各地区废气治理设施数见图 5-5。

在调查统计的 42 个行业中，废气治理设施数量排名前 3 位的行业依次为非金属矿物制品业，电力、热力生产和供应业以及化学原料和化学制品制造业。2018 年工业行业废气治理设施数占比见图 5-6。

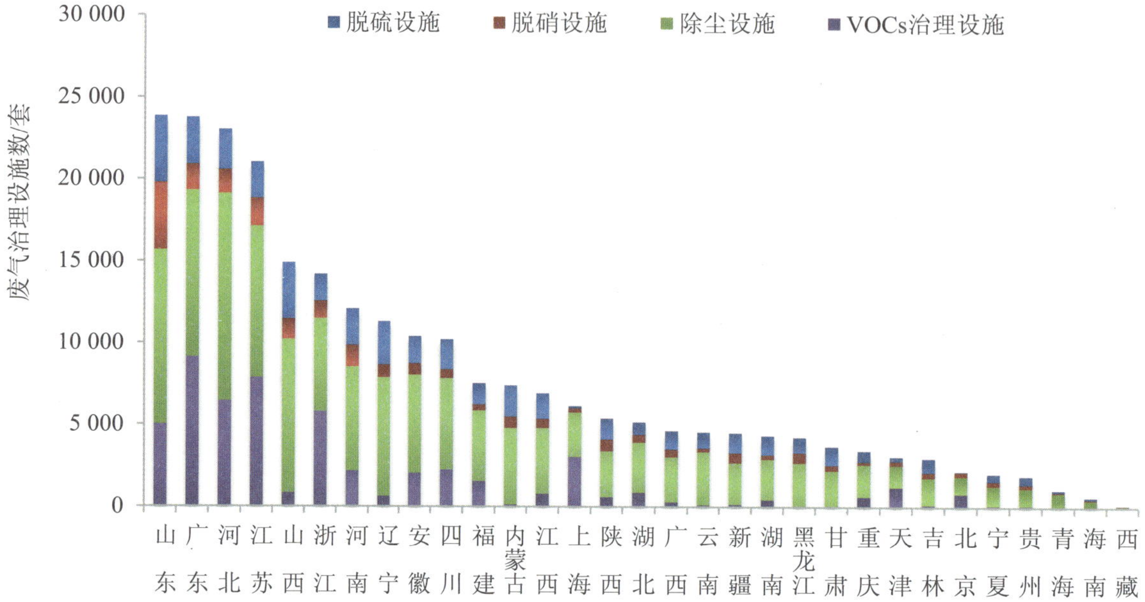

图 5-5　2018 年各地区废气治理设施数

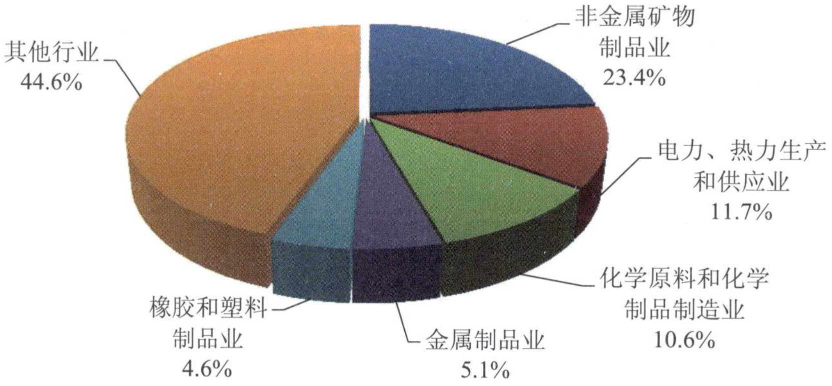

图 5-6　2018 年工业行业废气治理设施数占比

5.2　集中式污染治理设施污染治理情况

5.2.1　污水处理厂情况

2018 年，全国纳入调查的污水处理厂共有 8 200 家。污水处理厂设计处理能力为 23 536.8 万吨/日，年运行费用为 739.6 亿元。全年共处理污水 679.8 亿吨，其中，处理生活污水 588.8 亿吨，占污水总处理量的 86.6%。共去除化学需氧量 1 656.2 万吨、氨氮 156.5 万吨、总氮 173.1 万吨、总磷 22.6 万吨。污水处理厂的污泥产生量为 1 376.7 万吨，污泥处置量为 1 376.4 万吨。2018 年各地区污水处理情况见图 5-7。

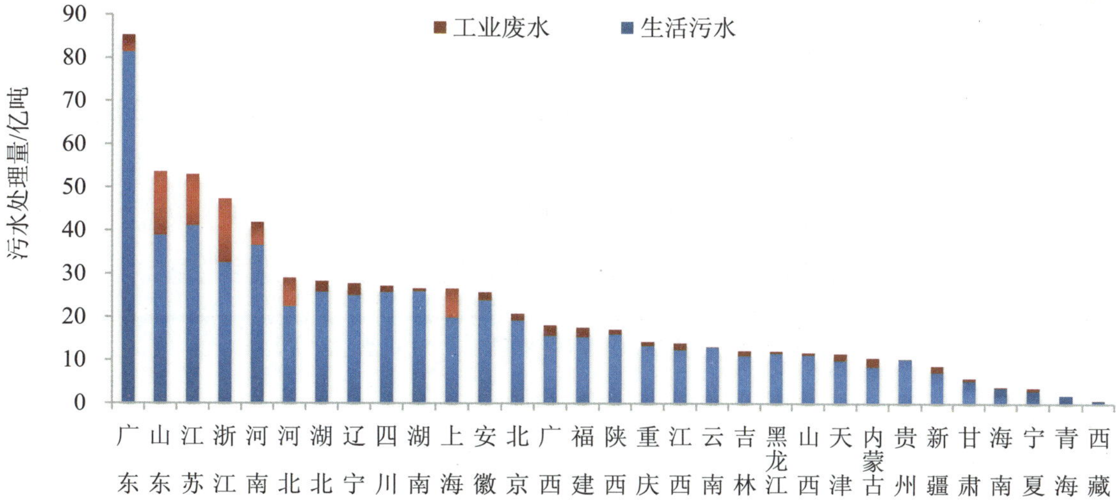

图 5-7　2018 年各地区污水处理情况

5.2.2　生活垃圾处理场（厂）情况

2018 年，全国纳入调查的生活垃圾处理场（厂）共 2 381 家，年运行费用为 108.5 亿元。生活垃圾填埋量 2.0 亿吨，堆肥量 161.4 万吨，焚烧处理量 1.1 亿吨，其他方式处理量 899.9 万吨。渗滤液中化学需氧量排放量为 1.4 万吨，氨氮排放量为 2 470.8 吨；焚烧废气二氧化硫排放量为 1 271.9 吨，氮氧化物排放量为 6 348.2 吨，颗粒物排放量为 672.3 吨。2018 年各地区生活垃圾处理情况见图 5-8。

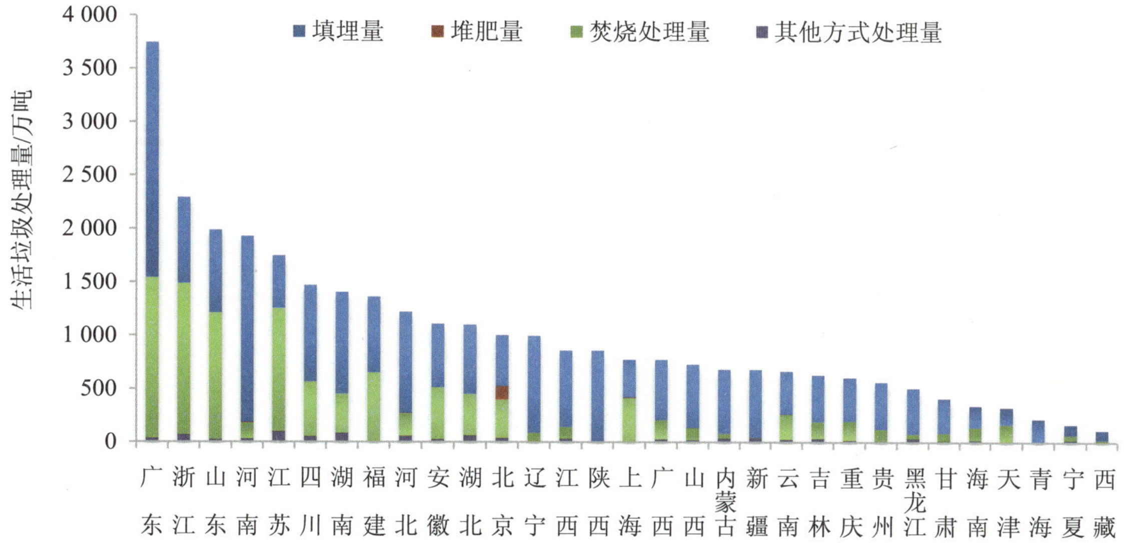

图 5-8　2018 年各地区生活垃圾处理情况

5.2.3 危险废物（医疗废物）集中处理厂情况

2018 年，全国纳入调查的危险废物集中处理厂 1 229 家，医疗废物集中处理厂 310 家，协同处置的企业 79 家。年运行费用为 244.8 亿元，设计处置能力达到 20.8 万吨/日。危险废物实际综合利用量 1 426.2 万吨；实际处置危险废物 1 100.9 万吨，其中处置工业危险废物 923.2 万吨，占总处置量的 83.9%，处置医疗废物 103.7 万吨，处置其他危险废物 74.0 万吨。2018 年各地区危险废物（医疗废物）集中处置情况见图 5-9。

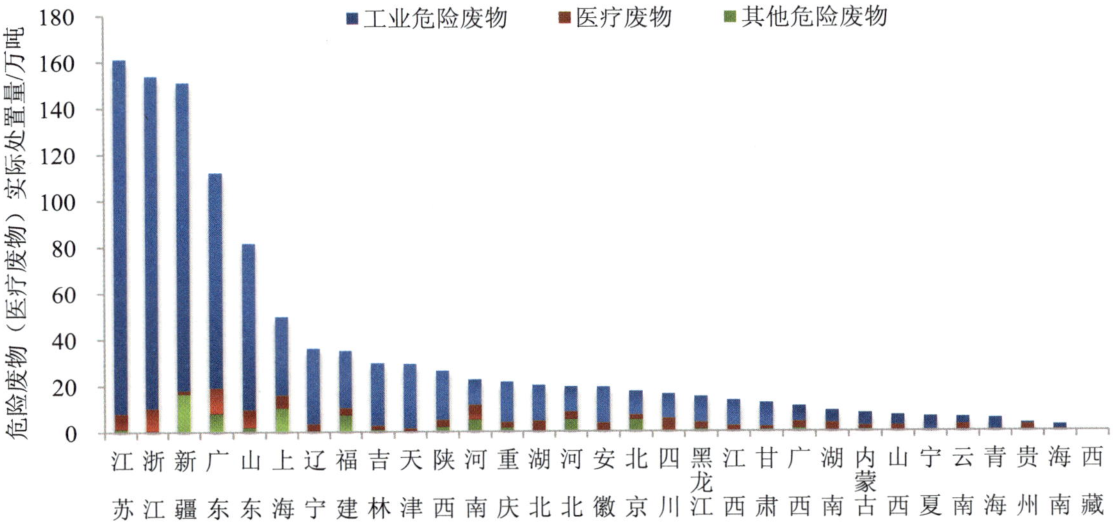

图 5-9　2018 年各地区危险废物（医疗废物）集中处置情况

6

生态环境污染治理投资

6.1 总体情况

6.1.1 环境污染治理投资总额

环境污染治理投资包括老工业污染源治理投资、建设项目竣工环境保护验收环保投资（以下简称竣工验收环保投资）、城市环境基础设施建设投资三个部分。2018 年，全国环境污染治理投资总额为 8 987.6 亿元，占国内生产总值（GDP）的 1.0%，占全社会固定资产投资总额的 1.4%。其中，城市环境基础设施建设投资为 5 893.2 亿元，老工业污染源治理投资为 697.5 亿元，竣工验收环保投资为 2 397.0 亿元，分别占环境污染治理投资总额的 65.6%、7.8%和 26.7%。2018 年全国环境污染治理投资情况见表 6-1。

表 6-1　2018 年全国环境污染治理投资情况　　单位：亿元

城市环境基础设施建设投资	老工业污染源治理投资	竣工验收环保投资	投资总额
5 893.2	697.5	2 397.0	8 987.6

注：从 2012 年起，城市环境基础设施建设投资中包括城市的环境基础设施建设投资以及县城的相关投资，下同。

6.1.2 污染治理设施直接投资

污染治理设施直接投资是指直接用于污染治理设施、具有直接环保效益的投资，具体包括老工业污染源治理投资、竣工验收环保投资以及城市环境基础设施建设投资中用于污水处理及再生利用、污泥处置和垃圾处理设施的投资。

2018 年，全国污染治理设施直接投资总额为 5 362.7 亿元，占污染治理投资总额的 59.7%，其中城市环境基础设施建设投资、老工业污染源治理投资和竣工验收环保投资分别占污染治理设施直接投资的 42.3%、13.0%和 44.7%。2018 年全国污染治理设施直接投资情况见表 6-2。

表 6-2　2018 年全国污染治理设施直接投资情况

污染治理设施直接投资/亿元				占当年环境污染治理投资总额比例/%	占当年 GDP 比例/%
	城市环境基础设施建设投资	老工业污染源治理投资	竣工验收环保投资		
5 362.7	2 268.3	697.5	2 397.0	59.7	0.6

6.1.3 各地区环境污染治理投资

2018 年，全国环境污染治理投资总额为 8 911.4 亿元，除天津、吉林、海南、西藏、青海和宁夏外，其余 25 个地区环境污染治理投资总额均超过 100 亿元，见图 6-1。

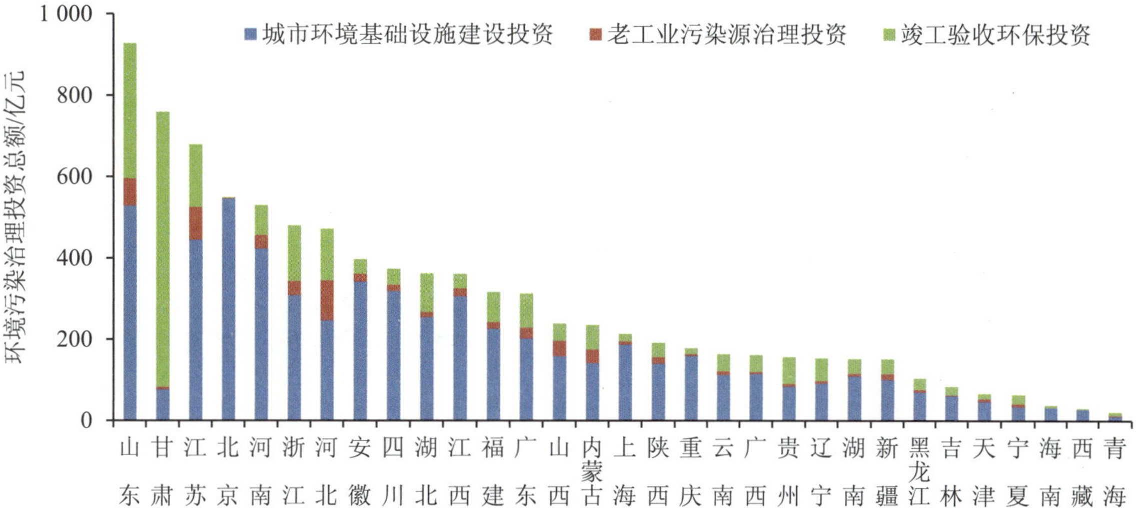

图 6-1 2018 年各地区环境污染治理投资情况

6.2 城市环境基础设施建设投资

2018 年，城市环境基础设施建设投资总额为 5 893.2 亿元，其中，燃气工程建设投资为 398.6 亿元，集中供热工程建设投资为 578.6 亿元，排水工程建设投资为 1 897.5 亿元，园林绿化工程建设投资为 2 413.4 亿元，市容环境卫生工程建设投资为 605.1 亿元。燃气、集中供热、排水、园林绿化和市容环境卫生投资分别占城市环境基础设施建设总投资的 6.8%、9.8%、32.2%、41.0%和 10.3%。2018 年全国城市环境基础设施建设投资构成见表 6-3。

表 6-3 2018 年全国城市环境基础设施建设投资构成 单位：亿元

投资总额					
	燃气	集中供热	排水	园林绿化	市容环境卫生
5 893.2	398.6	578.6	1 897.5	2 413.4	605.1

6.3　老工业污染源治理投资

2018 年，老工业污染源污染治理本年施工项目为 8 257 个，其中，废水、废气、固体废物、噪声及其他治理项目分别为 1 243 个、5 058 个、280 个、103 个和 1 573 个，占本年施工项目数的 15.1%、61.3%、3.4%、1.2%和 19.1%。

老工业污染源污染治理投资总额为 697.5 亿元，其中，废水、废气、固体废物、噪声及其他治理项目投资分别为 64.0 亿元、393.1 亿元、103.9 亿元、78.3 亿元和 58.2 亿元，分别占老工业污染源治理投资额的 9.2%、56.3%、14.9%、11.2%和 8.3%。2018 年全国老工业污染源治理投资构成见表 6-4。

表 6-4　2018 年全国老工业污染源治理投资构成　　单位：亿元

投资总额	废水	废气	固体废物	噪声	其他
697.5	64.0	393.1	103.9	78.3	58.2

6.4　建设项目竣工验收环保投资

2018 年，建设项目竣工验收环保投资为 2 397.0 亿元，占建设项目投资总额的 31.6%。2018 年全国建设项目竣工验收环保投资情况见表 6-5。

表 6-5　2018 年全国建设项目竣工验收环保投资情况　　单位：亿元

投资总额	废水	废气	噪声	固体废物	绿化及生态	其他
2 397.0	477.8	760.7	109.5	785.6	108.9	154.4

7

生态环境管理

7.1 环境信访情况

2018 年，全国各级环保系统接到群众电话举报 365 361 件，微信举报 250 072 件，网上举报 80 766 件，承办的人大建议 6 814 件，政协提案 7 665 件。

7.2 环境法制情况

2018 年，全国现行有效的地方性环保法规总计 556 件，其中，当年颁布 125 件，当年废止 31 件。全国现行有效的地方性环保规章总计 264 件，其中，当年颁布 50 件。当年受理行政复议案件 1 360 件。

7.3 环境科技与标准情况

2018 年，全国当年发布的地方环境保护标准 100 项，当年开展强制性清洁生产审核评估企业 5 547 家。

7.4 环境影响评价情况

2018 年，全国当年建设项目环境影响评价文件审批 22.1 万项，环境影响登记表备案 97.0 万项。审批和备案的建设项目投资总额 268 126.2 亿元，审批和备案的建设项目环保投资总额 9 296.4 亿元。

7.5 环境监测情况

2018 年，全国环境监测部门/机构 3 494 个，环境监测人员 59 431 人。全国监测用房总面积为 317.1 万平方米，监测业务经费为 199.7 亿元。环境监测仪器 38.9 万台（套），仪器设备原值为 396.6 亿元。

全国环境空气监测点位 8 688 个，酸雨监测点位 1 436 个，沙尘天气影响环境质量监测点位 143 个。地表水水质监测断面 10 743 个，集中式饮用水水源地监测点位 5 613 个，近岸海域监测点位 789 个。开展环境噪声监测的监测点位 79 736 个，开展污染源监督性监测的重点企业 40 272 家。

7.6 辐射环境监测情况

2018 年，全国辐射环境监测用房面积为 11.7 万平方米，辐射环境监测仪器设备原值总值为 1371.6 亿元，辐射环境监测仪器设备数量为 13 599 台（套）。

7.7 环境监察执法情况

2018 年，全国已实施自动监控的重点排污单位有 19 967 家，其中已实施自动监控的废水排放口有 13 886 个，废气排放口有 19 978 个。实施自动监控的重点排污单位中，化学需氧量监控设备与生态环境部门稳定联网的企业事业单位有 13 727 家，氨氮监控设备与生态环境部门稳定联网的企业事业单位有 12 665 家，二氧化硫监控设备与生态环境部门稳定联网的企业事业单位有 15 422 家，氮氧化物监控设备与生态环境部门稳定联网的企业事业单位有 15 024 家，烟尘监控设备与环境保护部门稳定联网的企业事业单位有 18 957 家。

2018 年，纳入日常监管随机抽查信息库的污染源 757 557 家，日常监管随机抽查污染源 670 995 家。2018 年，生态环境部门下达处罚决定书共 18.6 万件，罚没款数额共 152.8 亿元。

2018 年，全国举办环境执法岗位培训班 78 期（共 14 774 人参加了培训）。举办其他环境执法业务培训 5 209 期（共 121 383 人参加了培训）。

7.8 环境应急情况

2018 年，全国发生突发环境事件 286 次，其中，重大环境事件 2 次，较大环境事件 6 次，一般环境事件 278 次。

8

全国辐射环境水平

8.1 环境电离辐射

2018 年，全国环境电离辐射水平处于本底涨落范围内。实时连续空气吸收剂量率和累积剂量处于当地天然本底涨落范围内。空气中天然放射性核素活度浓度处于本底水平，人工放射性核素活度浓度未见异常。长江、黄河、珠江、松花江、淮河、海河、辽河七大流域和浙闽片河流、西北诸河、西南诸河及重要湖泊（水库）中天然放射性核素活度浓度均处于本底水平，人工放射性核素活度浓度均未见异常。城市集中式饮用水水源地水及地下饮用水中总 α 活度和总 β 活度浓度低于《生活饮用水卫生标准》（GB 5749—2006）规定的指导值。近岸海域海水和海洋生物中天然放射性核素活度浓度均处于本底水平，人工放射性核素活度浓度均未见异常，其中海水中人工放射性核素活度浓度远低于《海水水质标准》（GB 3097—1997）规定的限值。土壤中天然放射性核素活度浓度处于本底水平，人工放射性核素活度浓度未见异常。

8.2 运行核电基地周围环境电离辐射

2018 年，运行核电基地周围未监测到因核电厂运行引起的实时连续空气吸收剂量率异常。红沿河核电基地、宁德核电基地、福清核电基地、台山核电基地和昌江核电基地周围空气、水、土壤和生物等环境介质中人工放射性核素活度浓度未见异常，田湾核电基地、秦山核电基地、大亚湾核电基地、阳江核电基地和防城港核电基地周围部分环境介质中氚活度浓度与核电厂运行前本底相比有所升高。评估结果显示，上述核电厂运行对公众造成的辐射剂量均远低于国家规定的剂量限值，未对环境安全和公众健康造成影响。

8.3 民用研究堆周围环境电离辐射

2018 年，清华大学核能与新能源技术研究院和深圳大学微堆等设施周围环境 γ 辐射空气吸收剂量率，气溶胶、沉降物、水和土壤中人工放射性核素活度浓度未见异常；中国原子能科学研究院和中国核动力研究设计院生产科研场区周围部分环境介质中检出微量的人工放射性核素钴-60 和碘-131。评估结果显示，上述民用研究堆对公众造成的辐射剂量均远低于国家规定的限值，未对环境安全和公众健康造成影响。

8.4 核燃料循环设施和废物处置设施周围环境电离辐射

2018 年，中核兰州铀浓缩有限公司、中核陕西铀浓缩有限公司、中核北方核燃料元件有限公司、中核建中核燃料元件有限公司和中核四〇四有限公司等的核燃料循环设施，以及西北低中放固体废物处置场和广东低中放固体废物北龙处置场周围环境 γ 辐射空气吸收剂量率均处于当地天然本底涨落范围内，环境介质中与上述企业活动相关的放射性核素活度浓度均未见异常。

8.5 铀矿冶周围环境电离辐射

2018 年，铀矿冶设施周围辐射环境质量总体稳定。周围环境 γ 辐射空气吸收剂量率、空气中氡活度浓度、气溶胶中总铀浓度和总 α 浓度、地表水及土壤中总铀浓度和镭-226 浓度处于历年涨落范围内，周边饮用水中总铀浓度、铅-210 浓度、钋-210 浓度和镭-226 浓度均低于《铀矿冶辐射防护和环境保护规定》（GB 23727—2009）的相应限值。

8.6 环境电磁辐射

2018 年，31 个省（自治区、直辖市）电磁辐射监测国控点的电磁辐射水平均远低于《电磁环境控制限值》（GB 8702—2014）规定的公众曝露控制限值。监测的广播电视发射设施、移动通信基站天线周围电磁环境敏感目标处的电磁辐射水平、输电线路和变电站周围电磁环境敏感目标处的工频电场强度和磁感应强度均低于《电磁环境控制限值》（GB 8702—2014）规定的公众曝露控制限值。

9

各地区污染排放及治理统计

各地区主要污染物排放情况（一）

Discharge of Key Pollutants by Region（1）

（2018）

单位：吨 （ton）

年份/地区	Year/Region	化学需氧量排放量 Total Volume of COD Discharged	工业源 Industrial	农业源 Agricultural	生活源 Household	集中式污染治理设施 Centralized Treatment
	2016	**6 580 994**	**1 228 259**	**571 052**	**4 735 477**	**46 201**
	2017	**6 088 840**	**909 631**	**317 661**	**4 838 155**	**23 393**
	2018	**5 842 242**	**813 894**	**245 404**	**4 768 014**	**14 930**
北　京	BEIJING	45 771	1 463	3 611	40 562	136
天　津	TIANJIN	41 727	3 152	10 886	27 595	93
河　北	HEBEI	238 104	16 256	18 986	202 052	810
山　西	SHANXI	112 776	10 271	6 116	94 686	1 704
内蒙古	INNER MONGOLIA	65 888	24 462	2 089	39 117	220
辽　宁	LIAONING	134 615	29 536	381	104 077	621
吉　林	JILIN	80 633	18 477	683	61 350	124
黑龙江	HEILONGJIANG	155 305	20 368	7 296	127 579	63
上　海	SHANGHAI	62 097	8 179	2 679	50 841	398
江　苏	JIANGSU	488 016	113 750	12 526	361 225	515
浙　江	ZHEJIANG	217 482	52 232	2 531	161 768	951
安　徽	ANHUI	346 137	28 617	5 911	310 999	611
福　建	FUJIAN	265 208	30 538	5 562	227 577	1 530
江　西	JIANGXI	316 764	56 976	18 629	240 241	918
山　东	SHANDONG	292 047	54 401	9 425	227 962	259
河　南	HENAN	270 020	21 005	4 552	244 272	191
湖　北	HUBEI	290 363	19 829	4 420	265 965	149
湖　南	HUNAN	306 978	44 822	10 054	252 011	92
广　东	GUANGDONG	644 257	69 596	12 446	561 767	448
广　西	GUANGXI	321 709	25 224	7 605	288 771	109
海　南	HAINAN	49 507	6 739	28	42 720	20
重　庆	CHONGQING	53 631	17 285	0	35 707	639
四　川	SICHUAN	326 261	41 449	555	283 398	859
贵　州	GUIZHOU	122 059	5 850	1 701	114 366	142
云　南	YUNNAN	107 678	17 117	702	88 121	1 739
西　藏	TIBET	17 646	1 454	449	15 589	154
陕　西	SHAANXI	103 173	12 759	703	89 124	587
甘　肃	GANSU	67 253	20 545	1 148	44 940	620
青　海	QINGHAI	21 984	2 523	143	19 249	70
宁　夏	NINGXIA	91 807	16 259	52 241	23 282	24
新　疆	XINJIANG	185 345	22 762	41 347	121 101	136

各地区主要污染物排放情况（二）

Discharge of Key Pollutants by Region（2）

（2018）

单位：吨 （ton）

年份/地区	Year/Region	氨氮排放量 Total Volume of Ammonia Nitrogen Discharged	工业源 Industrial	农业源 Agricultural	生活源 Household	集中式污染治理设施 Centralized Treatment
	2016	**567 704**	**64 502**	**12 537**	**484 089**	**6 578**
	2017	**508 657**	**44 500**	**6 576**	**454 119**	**3 463**
	2018	**494 357**	**39 863**	**4 810**	**447 187**	**2 497**
北　京	BEIJING	2 993	35	48	2 889	20
天　津	TIANJIN	1 757	143	89	1 521	4
河　北	HEBEI	20 904	1 087	231	19 487	99
山　西	SHANXI	11 517	592	37	10 343	545
内蒙古	INNER MONGOLIA	4 029	1 334	13	2 649	33
辽　宁	LIAONING	13 603	1 278	7	12 243	74
吉　林	JILIN	6 721	1 155	31	5 506	30
黑龙江	HEILONGJIANG	14 828	988	66	13 756	17
上　海	SHANGHAI	8 054	570	58	7 389	37
江　苏	JIANGSU	35 879	6 625	505	28 710	39
浙　江	ZHEJIANG	14 472	1 248	357	12 807	60
安　徽	ANHUI	20 565	1 178	115	19 263	9
福　建	FUJIAN	17 413	1 253	218	15 891	50
江　西	JIANGXI	26 828	3 244	1 040	22 313	230
山　东	SHANDONG	24 847	2 634	95	22 105	13
河　南	HENAN	22 996	1 015	117	21 851	14
湖　北	HUBEI	24 588	1 128	224	23 141	96
湖　南	HUNAN	30 982	2 661	255	28 048	17
广　东	GUANGDONG	49 366	2 543	451	46 306	66
广　西	GUANGXI	24 381	1 090	138	23 123	30
海　南	HAINAN	4 971	348	3	4 618	2
重　庆	CHONGQING	5 332	724	0	4 533	75
四　川	SICHUAN	33 682	1 874	10	31 602	197
贵　州	GUIZHOU	14 302	565	49	13 658	30
云　南	YUNNAN	12 478	779	18	11 329	352
西　藏	TIBET	2 069	31	17	1 988	34
陕　西	SHAANXI	9 979	623	46	9 138	172
甘　肃	GANSU	5 478	495	3	4 867	113
青　海	QINGHAI	3 407	253	1	3 143	11
宁　夏	NINGXIA	3 808	692	203	2 909	4
新　疆	XINJIANG	22 130	1 679	365	20 061	25

各地区主要污染物排放情况（三）
Discharge of Key Pollutants by Region（3）
（2018）

单位：吨 （ton）

年份/地区	Year/Region	二氧化硫排放量 Total Volume of Sulphur Dioxide Discharged	工业源 Industrial	生活源 Household	集中式污染治理设施 Centralized Treatment
	2016	**8 548 930**	**7 704 689**	**840 128**	**4 118**
	2017	**6 108 376**	**5 298 770**	**805 186**	**4 421**
	2018	**5 161 169**	**4 467 324**	**687 238**	**6 606**
北　京	BEIJING	2 672	1 047	1 625	0
天　津	TIANJIN	19 027	16 609	2 356	63
河　北	HEBEI	343 238	268 124	72 154	2 960
山　西	SHANXI	281 887	239 358	42 517	11
内蒙古	INNER MONGOLIA	363 324	309 433	53 889	2
辽　宁	LIAONING	321 171	293 548	27 605	18
吉　林	JILIN	89 586	81 387	8 186	12
黑龙江	HEILONGJIANG	146 077	103 909	42 153	16
上　海	SHANGHAI	11 103	10 815	275	13
江　苏	JIANGSU	316 826	304 170	12 060	596
浙　江	ZHEJIANG	86 948	81 952	3 769	1 227
安　徽	ANHUI	162 673	155 618	6 915	141
福　建	FUJIAN	108 541	102 433	6 068	41
江　西	JIANGXI	249 420	231 065	18 210	145
山　东	SHANDONG	341 254	295 709	45 478	67
河　南	HENAN	122 672	113 707	8 951	14
湖　北	HUBEI	120 808	97 072	23 679	57
湖　南	HUNAN	229 439	118 263	111 073	103
广　东	GUANGDONG	150 979	143 536	7 203	240
广　西	GUANGXI	100 645	100 049	344	252
海　南	HAINAN	8 092	8 086	0	5
重　庆	CHONGQING	91 741	85 800	5 921	20
四　川	SICHUAN	191 690	179 023	12 576	92
贵　州	GUIZHOU	325 519	275 531	49 978	10
云　南	YUNNAN	247 365	213 307	33 895	163
西　藏	TIBET	3 550	2 106	1 443	1
陕　西	SHAANXI	147 216	130 030	17 070	116
甘　肃	GANSU	125 510	99 365	26 143	2
青　海	QINGHAI	46 471	42 684	3 600	187
宁　夏	NINGXIA	130 635	126 944	3 686	6
新　疆	XINJIANG	275 089	236 646	38 415	28

各地区主要污染物排放情况（四）

Discharge of Key Pollutants by Region（4）

（2018）

单位：吨 （ton）

年份/地区	Year/Region	氮氧化物排放量 Total Volume of Nitrogen Oxide Discharged	工业源 Industrial	生活源 Household	机动车 Vehicle	集中式污染治理设施 Centralized Treatment
	2016	**15 033 045**	**8 091 004**	**615 725**	**6 315 965**	**10 356**
	2017	**13 483 990**	**6 464 927**	**591 756**	**6 412 177**	**15 131**
	2018	**12 884 376**	**5 887 366**	**531 415**	**6 445 982**	**19 613**
北　京	BEIJING	104 660	8 182	8 152	88 285	40
天　津	TIANJIN	118 573	41 910	5 296	71 201	167
河　北	HEBEI	1 155 050	540 773	53 174	554 592	6 510
山　西	SHANXI	613 120	355 094	30 656	227 325	44
内蒙古	INNER MONGOLIA	555 774	342 600	45 516	167 654	4
辽　宁	LIAONING	703 146	385 713	31 554	285 811	69
吉　林	JILIN	241 876	101 451	9 757	130 634	34
黑龙江	HEILONGJIANG	379 075	139 704	58 298	180 977	96
上　海	SHANGHAI	157 891	32 654	3 842	121 040	354
江　苏	JIANGSU	924 033	478 132	12 580	428 345	4 976
浙　江	ZHEJIANG	392 779	146 599	5 412	237 762	3 006
安　徽	ANHUI	587 701	264 435	8 910	314 038	318
福　建	FUJIAN	301 929	168 493	3 668	129 572	196
江　西	JIANGXI	421 315	205 368	9 919	205 721	307
山　东	SHANDONG	1 145 150	455 216	31 984	657 646	305
河　南	HENAN	655 967	171 015	10 770	474 135	46
湖　北	HUBEI	364 846	142 534	16 650	205 390	272
湖　南	HUNAN	405 884	167 124	63 554	174 737	469
广　东	GUANGDONG	716 098	284 414	7 391	423 662	631
广　西	GUANGXI	374 721	189 950	543	183 482	746
海　南	HAINAN	49 064	22 428	210	26 390	37
重　庆	CHONGQING	195 658	79 839	4 631	111 116	73
四　川	SICHUAN	490 002	219 437	13 780	256 507	279
贵　州	GUIZHOU	261 010	145 609	14 404	100 972	25
云　南	YUNNAN	335 320	164 704	17 238	153 208	170
西　藏	TIBET	39 936	5 785	445	33 706	0
陕　西	SHAANXI	339 361	156 094	14 325	168 619	323
甘　肃	GANSU	224 886	107 978	15 040	101 865	4
青　海	QINGHAI	81 765	44 738	5 238	31 765	25
宁　夏	NINGXIA	169 057	108 536	2 548	57 954	18
新　疆	XINJIANG	378 731	210 859	25 931	141 872	70

各地区主要污染物排放情况（五）

Discharge of Key Pollutants by Region（5）

（2018）

单位：吨 （ton）

年份/地区	Year/Region	颗粒物排放量 Total Volume of Particulate Matter Discharged	工业源 Industrial	生活源 Household	机动车 Vehicle	集中式污染治理设施 Centralized Treatment
	2016	**16 080 107**	**13 761 577**	**2 192 114**	**122 757**	**3 662**
	2017	**12 849 494**	**10 669 966**	**2 061 452**	**114 314**	**3 762**
	2018	**11 322 554**	**9 489 037**	**1 731 412**	**99 350**	**2 755**
北　京	BEIJING	23 648	15 745	6 902	1 000	1
天　津	TIANJIN	34 973	22 424	11 650	890	9
河　北	HEBEI	538 256	350 377	176 173	10 920	786
山　西	SHANXI	500 500	379 115	118 743	2 596	45
内蒙古	INNER MONGOLIA	933 733	763 138	166 703	3 891	1
辽　宁	LIAONING	814 784	729 199	79 574	5 997	13
吉　林	JILIN	225 970	190 433	33 995	1 538	4
黑龙江	HEILONGJIANG	584 879	358 021	224 028	2 808	22
上　海	SHANGHAI	18 180	16 228	776	1 176	0
江　苏	JIANGSU	531 487	481 191	44 933	4 941	422
浙　江	ZHEJIANG	273 177	263 735	5 830	3 275	337
安　徽	ANHUI	480 366	455 031	21 225	4 056	55
福　建	FUJIAN	423 945	410 581	11 514	1 822	29
江　西	JIANGXI	444 400	408 387	32 895	2 751	367
山　东	SHANDONG	385 657	267 415	107 522	10 680	40
河　南	HENAN	214 854	182 920	21 600	10 323	10
湖　北	HUBEI	315 225	250 949	61 604	2 625	47
湖　南	HUNAN	532 967	261 616	268 549	2 786	15
广　东	GUANGDONG	617 715	593 633	18 423	5 573	86
广　西	GUANGXI	375 397	372 222	621	2 472	82
海　南	HAINAN	15 979	15 553	19	400	6
重　庆	CHONGQING	161 442	154 032	5 885	1 518	7
四　川	SICHUAN	346 371	322 213	20 836	3 194	128
贵　州	GUIZHOU	322 441	314 690	6 057	1 681	12
云　南	YUNNAN	508 986	431 999	74 247	2 629	111
西　藏	TIBET	54 498	52 620	1 404	473	1
陕　西	SHAANXI	312 006	263 802	45 715	2 401	87
甘　肃	GANSU	532 445	474 073	56 567	1 803	2
青　海	QINGHAI	105 866	93 507	11 886	464	10
宁　夏	NINGXIA	196 419	189 373	6 262	775	9
新　疆	XINJIANG	495 987	404 811	89 275	1 894	7

各地区工业废水排放及处理情况（一）
Discharge and Treatment of Industrial Waste Water by Region（1）
（2018）

单位：吨 （ton）

年份/地区	Year/Region	工业废水中污染物排放量 Amount of Pollutants Discharged in the Industrial Waste Water			
		化学需氧量 COD	氨氮 Ammonia Nitrogen	总氮 Total Nitrogen	总磷 Total Phosphorus
	2016	**1 228 258**	**64 502**	**184 097**	**16 901**
	2017	**909 631**	**44 500**	**155 673**	**7 878**
	2018	**813 894**	**39 863**	**144 371**	**7 424**
北　京	BEIJING	1 463	35	990	12
天　津	TIANJIN	3 152	143	786	49
河　北	HEBEI	16 256	1 087	4 439	266
山　西	SHANXI	10 271	592	1 857	73
内蒙古	INNER MONGOLIA	24 462	1 334	4 706	121
辽　宁	LIAONING	29 536	1 278	7 353	430
吉　林	JILIN	18 477	1 155	2 653	221
黑龙江	HEILONGJIANG	20 368	988	3 259	205
上　海	SHANGHAI	8 179	570	2 620	68
江　苏	JIANGSU	113 750	6 625	18 365	906
浙　江	ZHEJIANG	52 232	1 248	11 089	268
安　徽	ANHUI	28 617	1 178	4 926	333
福　建	FUJIAN	30 538	1 253	4 927	348
江　西	JIANGXI	56 976	3 244	7 082	429
山　东	SHANDONG	54 401	2 634	12 925	588
河　南	HENAN	21 005	1 015	5 483	126
湖　北	HUBEI	19 829	1 128	5 118	248
湖　南	HUNAN	44 822	2 661	5 524	344
广　东	GUANGDONG	69 596	2 543	12 174	708
广　西	GUANGXI	25 224	1 090	4 448	170
海　南	HAINAN	6 739	348	1 384	48
重　庆	CHONGQING	17 285	724	2 626	177
四　川	SICHUAN	41 449	1 874	5 730	503
贵　州	GUIZHOU	5 850	565	802	115
云　南	YUNNAN	17 117	779	2 370	201
西　藏	TIBET	1 454	31	76	8
陕　西	SHAANXI	12 759	623	2 644	63
甘　肃	GANSU	20 545	495	1 263	40
青　海	QINGHAI	2 523	253	163	14
宁　夏	NINGXIA	16 259	692	3 019	123
新　疆	XINJIANG	22 762	1 679	3 573	217

各地区工业废水排放及处理情况（二）
Discharge and Treatment of Industrial Waste Water by Region（2）
（2018）

单位：千克 （kg）

年份/地区	Year/Region	工业废水中污染物排放量 Amount of Pollutants Discharged in the Industrial Waste Water			
		石油类 Petroleum	挥发酚 Volatile Phenol	氰化物 Cyanide	重金属 Heavy Metal
	2016	**11 599 426**	**272 124**	**57 937**	**162 646**
	2017	**7 639 284**	**244 103**	**54 044**	**176 384**
	2018	**7 157 690**	**174 441**	**46 053**	**125 421**
北　京	BEIJING	1 279	2	13	43
天　津	TIANJIN	176 776	7 760	307	455
河　北	HEBEI	217 472	15 556	5 566	15 444
山　西	SHANXI	131 136	1 364	2 901	1 957
内蒙古	INNER MONGOLIA	112 658	1 533	69	2 040
辽　宁	LIAONING	327 686	13 255	2 759	1 484
吉　林	JILIN	670 704	2 885	1 044	426
黑龙江	HEILONGJIANG	198 551	3 051	866	225
上　海	SHANGHAI	120 859	674	284	362
江　苏	JIANGSU	829 422	10 884	3 827	9 721
浙　江	ZHEJIANG	407 584	2 661	2 809	9 570
安　徽	ANHUI	326 691	17 929	3 354	3 996
福　建	FUJIAN	338 711	556	2 341	3 584
江　西	JIANGXI	227 028	9 193	2 066	19 673
山　东	SHANDONG	416 362	32 156	3 091	4 156
河　南	HENAN	103 803	1 472	1 373	3 691
湖　北	HUBEI	274 858	5 472	2 821	3 546
湖　南	HUNAN	341 927	29 463	1 933	5 721
广　东	GUANGDONG	810 280	1 489	1 986	8 024
广　西	GUANGXI	100 113	593	856	4 723
海　南	HAINAN	16 742	2 293	0	86
重　庆	CHONGQING	308 786	913	127	662
四　川	SICHUAN	375 917	1 025	473	4 083
贵　州	GUIZHOU	24 716	651	482	668
云　南	YUNNAN	37 165	2 426	13	4 297
西　藏	TIBET	0	0	0	0
陕　西	SHAANXI	109 022	742	1 343	6 407
甘　肃	GANSU	44 795	2 131	450	7 444
青　海	QINGHAI	4 251	860	124	184
宁　夏	NINGXIA	63 333	2 741	957	1 515
新　疆	XINJIANG	39 062	2 712	1 816	1 234

各地区工业废气排放及处理情况

Discharge and Treatment of Industrial Waste Gas by Region

（2018）

单位：吨 （ton）

年份/地区	Year/Region	工业废气中污染物排放量 Volume of Pollutants Emission in the Industrial Waste Gas		
		二氧化硫 Sulphur Dioxide	氮氧化物 Nitrogen Oxide	颗粒物 Particulate Matter
	2016	**7 704 689**	**8 091 004**	**13 761 577**
	2017	**5 298 770**	**6 464 927**	**10 669 966**
	2018	**4 467 324**	**5 887 366**	**9 489 037**
北　京	BEIJING	1 047	8 182	15 745
天　津	TIANJIN	16 609	41 910	22 424
河　北	HEBEI	268 124	540 773	350 377
山　西	SHANXI	239 358	355 094	379 115
内蒙古	INNER MONGOLIA	309 433	342 600	763 138
辽　宁	LIAONING	293 548	385 713	729 199
吉　林	JILIN	81 387	101 451	190 433
黑龙江	HEILONGJIANG	103 909	139 704	358 021
上　海	SHANGHAI	10 815	32 654	16 228
江　苏	JIANGSU	304 170	478 132	481 191
浙　江	ZHEJIANG	81 952	146 599	263 735
安　徽	ANHUI	155 618	264 435	455 031
福　建	FUJIAN	102 433	168 493	410 581
江　西	JIANGXI	231 065	205 368	408 387
山　东	SHANDONG	295 709	455 216	267 415
河　南	HENAN	113 707	171 015	182 920
湖　北	HUBEI	97 072	142 534	250 949
湖　南	HUNAN	118 263	167 124	261 616
广　东	GUANGDONG	143 536	284 414	593 633
广　西	GUANGXI	100 049	189 950	372 222
海　南	HAINAN	8 086	22 428	15 553
重　庆	CHONGQING	85 800	79 839	154 032
四　川	SICHUAN	179 023	219 437	322 213
贵　州	GUIZHOU	275 531	145 609	314 690
云　南	YUNNAN	213 307	164 704	431 999
西　藏	TIBET	2 106	5 785	52 620
陕　西	SHAANXI	130 030	156 094	263 802
甘　肃	GANSU	99 365	107 978	474 073
青　海	QINGHAI	42 684	44 738	93 507
宁　夏	NINGXIA	126 944	108 536	189 373
新　疆	XINJIANG	236 646	210 859	404 811

各地区一般工业固体废物产生及利用处置情况
Generation and Utilization of Industrial Solid Wastes by Region
（2018）

单位：万吨 （10 000 tons）

年份/地区	Year/Region	一般工业固体废物产生量 Industrial Solid Wastes Generated	一般工业固体废物综合利用量 Industrial Solid Wastes Utilized	一般工业固体废物处置量 Industrial Solid Wastes Disposed
	2016	**371 237**	**210 995**	**85 232**
	2017	**386 707**	**206 117**	**94 314**
	2018	**407 799**	**216 860**	**103 283**
北　京	BEIJING	694	463	226
天　津	TIANJIN	1 874	1 849	23
河　北	HEBEI	32 100	17 631	4 802
山　西	SHANXI	48 294	16 941	25 601
内蒙古	INNER MONGOLIA	36 671	9 311	15 366
辽　宁	LIAONING	22 717	10 793	5 428
吉　林	JILIN	6 419	2 661	1 805
黑龙江	HEILONGJIANG	10 371	5 152	2 243
上　海	SHANGHAI	1 792	1 623	167
江　苏	JIANGSU	13 023	11 834	1 206
浙　江	ZHEJIANG	5 720	5 188	450
安　徽	ANHUI	15 470	13 271	1 175
福　建	FUJIAN	8 254	6 029	1 770
江　西	JIANGXI	12 129	6 047	1 219
山　东	SHANDONG	29 995	23 831	1 723
河　南	HENAN	20 362	11 755	5 721
湖　北	HUBEI	11 528	8 437	1 458
湖　南	HUNAN	6 127	4 555	1 067
广　东	GUANGDONG	9 112	7 283	885
广　西	GUANGXI	9 769	4 799	1 761
海　南	HAINAN	490	269	213
重　庆	CHONGQING	2 658	1 894	356
四　川	SICHUAN	16 708	6 805	1 737
贵　州	GUIZHOU	12 186	6 808	1 976
云　南	YUNNAN	19 767	8 732	9 739
西　藏	TIBET	2 624	90	174
陕　西	SHAANXI	13 619	4 702	7 175
甘　肃	GANSU	6 007	2 215	1 393
青　海	QINGHAI	13 851	7 970	345
宁　夏	NINGXIA	6 091	2 225	3 276
新　疆	XINJIANG	11 375	5 699	2 805

各地区工业危险废物产生及利用处置情况
Generation and Utilization of Hazardous Wastes by Region
（2018）

单位：吨 （ton）

年份/地区	Year/Region	危险废物产生量 Hazardous Wastes Generated	危险废物利用处置量 Hazardous Wastes Utilized and Disposed
	2016	**52 195 017**	**43 172 073**
	2017	**65 812 889**	**59 726 782**
	2018	**74 699 695**	**67 884 921**
北　京	BEIJING	179 418	177 703
天　津	TIANJIN	472 981	470 785
河　北	HEBEI	2 438 013	2 239 397
山　西	SHANXI	2 472 777	2 409 839
内蒙古	INNER MONGOLIA	6 877 388	6 529 991
辽　宁	LIAONING	2 763 108	2 320 643
吉　林	JILIN	2 595 990	1 463 051
黑龙江	HEILONGJIANG	962 437	855 646
上　海	SHANGHAI	1 110 365	1 093 654
江　苏	JIANGSU	5 997 453	5 658 005
浙　江	ZHEJIANG	4 470 240	4 392 099
安　徽	ANHUI	1 368 716	1 303 885
福　建	FUJIAN	1 153 760	1 001 269
江　西	JIANGXI	1 875 467	1 627 573
山　东	SHANDONG	8 327 496	7 747 561
河　南	HENAN	1 981 684	1 729 619
湖　北	HUBEI	998 877	907 948
湖　南	HUNAN	6 312 405	6 179 414
广　东	GUANGDONG	4 097 743	3 756 878
广　西	GUANGXI	2 592 216	2 483 767
海　南	HAINAN	60 643	73 096
重　庆	CHONGQING	732 650	688 800
四　川	SICHUAN	3 492 827	3 450 975
贵　州	GUIZHOU	749 500	712 042
云　南	YUNNAN	3 403 693	2 900 973
西　藏	TIBET	6 713	6 340
陕　西	SHAANXI	1 516 259	1 205 017
甘　肃	GANSU	1 723 644	1 404 720
青　海	QINGHAI	631 105	238 630
宁　夏	NINGXIA	815 621	736 086
新　疆	XINJIANG	2 518 508	2 119 515

各地区大型畜禽养殖场污染排放情况
Discharge of Large Sized Livestock Farms Pollution by Region
（2018）

单位：吨　　（ton）

年份/地区	Year/Region	污染物排放总量 Total Amount of Pollutants Discharge 化学需氧量 COD	氨氮 Ammonia Nitrogen	总氮 Total Nitrogen	总磷 Total Phosphorus
	2016	**571 052**	**12 537**	**40 909**	**6 273**
	2017	**317 661**	**6 576**	**22 859**	**3 096**
	2018	**245 404**	**4 810**	**17 691**	**2 307**
北　京	BEIJING	3 611	48	222	42
天　津	TIANJIN	10 886	89	534	134
河　北	HEBEI	18 986	231	1 249	160
山　西	SHANXI	6 116	37	301	59
内蒙古	INNER MONGOLIA	2 089	13	116	16
辽　宁	LIAONING	381	7	24	5
吉　林	JILIN	683	31	95	7
黑龙江	HEILONGJIANG	7 296	66	447	44
上　海	SHANGHAI	2 679	58	211	17
江　苏	JIANGSU	12 526	505	1 130	159
浙　江	ZHEJIANG	2 531	357	638	33
安　徽	ANHUI	5 911	115	435	42
福　建	FUJIAN	5 562	218	584	79
江　西	JIANGXI	18 629	1 040	2 160	286
山　东	SHANDONG	9 425	95	527	109
河　南	HENAN	4 552	117	357	68
湖　北	HUBEI	4 420	224	594	70
湖　南	HUNAN	10 054	255	766	146
广　东	GUANGDONG	12 446	451	1 142	176
广　西	GUANGXI	7 605	138	508	90
海　南	HAINAN	28	3	6	0
重　庆	CHONGQING	0	0	0	0
四　川	SICHUAN	555	10	37	7
贵　州	GUIZHOU	1 701	49	137	23
云　南	YUNNAN	702	18	52	7
西　藏	TIBET	449	17	41	6
陕　西	SHAANXI	703	46	87	10
甘　肃	GANSU	1 148	3	61	2
青　海	QINGHAI	143	1	7	2
宁　夏	NINGXIA	52 241	203	2 828	269
新　疆	XINJIANG	41 347	365	2 395	237

各地区生活污染排放及处理情况（一）

Discharge and Treatment of Household Pollution by Region（1）

（2018）

单位：吨 （ton）

年份/地区	Year/Region	生活源化学需氧量排放量 Amount of Household COD Discharged	生活源氨氮排放量 Amount of Household Ammonia Nitrogen Discharged	生活源总氮排放量 Amount of Household Total Nitrogen Discharged	生活源总磷排放量 Amount of Household Total Phosphorus Discharged
	2016	**4 735 477**	**484 089**	**1 002 386**	**66 710**
	2017	**4 838 155**	**454 119**	**1 018 729**	**58 492**
	2018	**4 768 014**	**447 187**	**1 036 182**	**54 389**
北　京	BEIJING	40 562	2 889	12 268	498
天　津	TIANJIN	27 595	1 521	11 265	242
河　北	HEBEI	202 052	19 487	44 984	2 319
山　西	SHANXI	94 686	10 343	24 992	1 362
内蒙古	INNER MONGOLIA	39 117	2 649	11 632	484
辽　宁	LIAONING	104 077	12 243	36 566	1 783
吉　林	JILIN	61 350	5 506	14 836	680
黑龙江	HEILONGJIANG	127 579	13 756	28 942	1 332
上　海	SHANGHAI	50 841	7 389	24 169	679
江　苏	JIANGSU	361 225	28 710	73 537	3 769
浙　江	ZHEJIANG	161 768	12 807	41 386	1 327
安　徽	ANHUI	310 999	19 263	44 023	2 882
福　建	FUJIAN	227 577	15 891	35 797	2 028
江　西	JIANGXI	240 241	22 313	38 530	2 870
山　东	SHANDONG	227 962	22 105	59 845	2 122
河　南	HENAN	244 272	21 851	57 566	2 260
湖　北	HUBEI	265 965	23 141	47 924	2 630
湖　南	HUNAN	252 011	28 048	48 291	4 071
广　东	GUANGDONG	561 767	46 306	118 192	6 466
广　西	GUANGXI	288 771	23 123	42 012	3 436
海　南	HAINAN	42 720	4 618	7 873	571
重　庆	CHONGQING	35 707	4 533	17 682	611
四　川	SICHUAN	283 398	31 602	62 937	3 142
贵　州	GUIZHOU	114 366	13 658	23 833	1 590
云　南	YUNNAN	88 121	11 329	21 135	1 194
西　藏	TIBET	15 589	1 988	2 707	199
陕　西	SHAANXI	89 124	9 138	24 630	1 026
甘　肃	GANSU	44 940	4 867	12 199	544
青　海	QINGHAI	19 249	3 143	7 920	263
宁　夏	NINGXIA	23 282	2 909	7 429	321
新　疆	XINJIANG	121 101	20 061	31 080	1 688

各地区生活污染排放及处理情况（二）

Discharge and Treatment of Household Pollution by Region（2）

（2018）

单位：吨　　　　　　　　　　　　　　　　　　　　　　　　　　　　　　　　　　　　（ton）

年份/地区	Year/Region	生活源二氧化硫排放量 Amount of Household Sulphur Dioxide Emission	生活源氮氧化物排放量 Amount of Household Nitrogen Oxide Emission	生活源颗粒物排放量 Amount of Household Soot Emission
	2016	**840 128**	**615 725**	**2 192 114**
	2017	**805 186**	**591 756**	**2 061 452**
	2018	**687 238**	**531 415**	**1 731 412**
北　京	BEIJING	1 625	8 152	6 902
天　津	TIANJIN	2 356	5 296	11 650
河　北	HEBEI	72 154	53 174	176 173
山　西	SHANXI	42 517	30 656	118 743
内蒙古	INNER MONGOLIA	53 889	45 516	166 703
辽　宁	LIAONING	27 605	31 554	79 574
吉　林	JILIN	8 186	9 757	33 995
黑龙江	HEILONGJIANG	42 153	58 298	224 028
上　海	SHANGHAI	275	3 842	776
江　苏	JIANGSU	12 060	12 580	44 933
浙　江	ZHEJIANG	3 769	5 412	5 830
安　徽	ANHUI	6 915	8 910	21 225
福　建	FUJIAN	6 068	3 668	11 514
江　西	JIANGXI	18 210	9 919	32 895
山　东	SHANDONG	45 478	31 984	107 522
河　南	HENAN	8 951	10 770	21 600
湖　北	HUBEI	23 679	16 650	61 604
湖　南	HUNAN	111 073	63 554	268 549
广　东	GUANGDONG	7 203	7 391	18 423
广　西	GUANGXI	344	543	621
海　南	HAINAN	0	210	19
重　庆	CHONGQING	5 921	4 631	5 885
四　川	SICHUAN	12 576	13 780	20 836
贵　州	GUIZHOU	49 978	14 404	6 057
云　南	YUNNAN	33 895	17 238	74 247
西　藏	TIBET	1 443	445	1 404
陕　西	SHAANXI	17 070	14 325	45 715
甘　肃	GANSU	26 143	15 040	56 567
青　海	QINGHAI	3 600	5 238	11 886
宁　夏	NINGXIA	3 686	2 548	6 262
新　疆	XINJIANG	38 415	25 931	89 275

各地区生活垃圾处理场（厂）污染排放情况（一）

Discharge of Garbage Treatment Plants Pollution by Region（1）

（2018）

单位：吨 （ton）

年份/ 地区	Year/ Region	渗滤液中污染物排放量 Amount of Pollutants Discharged in the Landfill Leachate	
		化学需氧量 COD	氨氮 Ammonia Nitrogen
	2016	**45 786**	**6 545**
	2017	**22 830**	**3 440**
	2018	**14 402**	**2 471**
北 京	BEIJING	135	20
天 津	TIANJIN	40	2
河 北	HEBEI	757	91
山 西	SHANXI	1 704	545
内蒙古	INNER MONGOLIA	220	33
辽 宁	LIAONING	613	74
吉 林	JILIN	123	29
黑龙江	HEILONGJIANG	62	17
上 海	SHANGHAI	303	33
江 苏	JIANGSU	372	35
浙 江	ZHEJIANG	915	58
安 徽	ANHUI	607	9
福 建	FUJIAN	1 517	50
江 西	JIANGXI	917	230
山 东	SHANDONG	219	12
河 南	HENAN	190	14
湖 北	HUBEI	122	96
湖 南	HUNAN	89	17
广 东	GUANGDONG	422	64
广 西	GUANGXI	101	29
海 南	HAINAN	20	2
重 庆	CHONGQING	634	75
四 川	SICHUAN	857	197
贵 州	GUIZHOU	141	30
云 南	YUNNAN	1 738	352
西 藏	TIBET	154	34
陕 西	SHAANXI	583	172
甘 肃	GANSU	620	113
青 海	QINGHAI	70	11
宁 夏	NINGXIA	24	4
新 疆	XINJIANG	136	25

各地区生活垃圾处理场（厂）污染排放情况（二）

Discharge of Garbage Treatment Plants Pollution by Region（2）

（2018）

单位：吨 （ton）

年份/地区	Year/Region	废气中污染物排放量 Amount of Pollutants Discharged in the Waste Gas		
		二氧化硫 Sulphur Dioxide	氮氧化物 Nitrogen Oxide	颗粒物 Particulate Matter
	2016	**1 120**	**2 613**	**1 179**
	2017	**1 513**	**6 789**	**2 256**
	2018	**1 272**	**6 348**	**672**
北　京	BEIJING	0	0	0
天　津	TIANJIN	20	111	1
河　北	HEBEI	0	0	0
山　西	SHANXI	2	3	41
内蒙古	INNER MONGOLIA	0	0	0
辽　宁	LIAONING	3	4	2
吉　林	JILIN	0	0	0
黑龙江	HEILONGJIANG	8	11	12
上　海	SHANGHAI	0	0	0
江　苏	JIANGSU	246	3 171	85
浙　江	ZHEJIANG	670	2 267	177
安　徽	ANHUI	109	165	8
福　建	FUJIAN	0	0	0
江　西	JIANGXI	12	11	216
山　东	SHANDONG	1	2	0
河　南	HENAN	1	2	2
湖　北	HUBEI	0	0	0
湖　南	HUNAN	93	428	8
广　东	GUANGDONG	0	0	0
广　西	GUANGXI	4	14	0
海　南	HAINAN	0	0	0
重　庆	CHONGQING	0	0	0
四　川	SICHUAN	2	42	9
贵　州	GUIZHOU	10	25	12
云　南	YUNNAN	91	89	66
西　藏	TIBET	0	0	0
陕　西	SHAANXI	2	3	33
甘　肃	GANSU	0	0	0
青　海	QINGHAI	0	1	0
宁　夏	NINGXIA	0	0	0
新　疆	XINJIANG	0	0	0

各地区危险废物（医疗废物）集中处理厂污染排放情况（一）
Discharge of Hazardous Wastes（Medical Wastes）Treatment Plants Pollution by Region（1）
（2018）

单位：吨 （ton）

年份/地区 Year/Region	渗滤液中污染物排放量 Amount of Pollutants Discharged in the Landfill Leachate	
	化学需氧量 COD	氨氮 Ammonia Nitrogen
2016	**415**	**33**
2017	**563**	**24**
2018	**528**	**26**
北　京 BEIJING	1	0
天　津 TIANJIN	53	1
河　北 HEBEI	53	8
山　西 SHANXI	0	0
内蒙古 INNER MONGOLIA	0	0
辽　宁 LIAONING	8	1
吉　林 JILIN	1	0
黑龙江 HEILONGJIANG	1	0
上　海 SHANGHAI	95	5
江　苏 JIANGSU	143	4
浙　江 ZHEJIANG	36	2
安　徽 ANHUI	4	0
福　建 FUJIAN	14	1
江　西 JIANGXI	1	0
山　东 SHANDONG	39	1
河　南 HENAN	1	0
湖　北 HUBEI	27	0
湖　南 HUNAN	2	0
广　东 GUANGDONG	26	2
广　西 GUANGXI	8	1
海　南 HAINAN	0	0
重　庆 CHONGQING	5	0
四　川 SICHUAN	3	0
贵　州 GUIZHOU	2	0
云　南 YUNNAN	0	0
西　藏 TIBET	0	0
陕　西 SHAANXI	4	0
甘　肃 GANSU	0	0
青　海 QINGHAI	0	0
宁　夏 NINGXIA	0	0
新　疆 XINJIANG	0	0

各地区危险废物（医疗废物）集中处理厂污染排放情况（二）
Discharge of Hazardous Wastes（Medical Wastes）Treatment Plants Pollution by Region（2）
（2018）

单位：吨 （ton）

年份/地区	Year/Region	废气中污染物排放量 Amount of Pollutants Discharged in the Waste Gas 二氧化硫 Sulphur Dioxide	氮氧化物 Nitrogen Oxide	颗粒物 Particulate Matter
	2016	**2 998**	**7 743**	**2 483**
	2017	**2 907**	**8 342**	**1 506**
	2018	**5 334**	**13 264**	**2 082**
北　京	BEIJING	0	40	1
天　津	TIANJIN	43	56	8
河　北	HEBEI	2 960	6 510	786
山　西	SHANXI	9	41	4
内蒙古	INNER MONGOLIA	2	4	1
辽　宁	LIAONING	15	65	11
吉　林	JILIN	12	34	4
黑龙江	HEILONGJIANG	8	85	10
上　海	SHANGHAI	13	354	0
江　苏	JIANGSU	351	1 805	337
浙　江	ZHEJIANG	557	738	161
安　徽	ANHUI	31	154	47
福　建	FUJIAN	41	196	29
江　西	JIANGXI	133	296	151
山　东	SHANDONG	67	303	40
河　南	HENAN	13	44	8
湖　北	HUBEI	57	272	47
湖　南	HUNAN	10	41	7
广　东	GUANGDONG	240	631	86
广　西	GUANGXI	248	731	82
海　南	HAINAN	5	37	6
重　庆	CHONGQING	20	73	7
四　川	SICHUAN	90	237	120
贵　州	GUIZHOU	0	0	0
云　南	YUNNAN	73	81	46
西　藏	TIBET	1	0	1
陕　西	SHAANXI	115	320	54
甘　肃	GANSU	2	4	2
青　海	QINGHAI	187	24	10
宁　夏	NINGXIA	6	18	9
新　疆	XINJIANG	28	70	7

各地区机动车污染排放情况
Discharge of Motor Vehicle Pollution by Region
（2018）

单位：吨　　　　（ton）

年份/地区	Year/Region	机动车污染物排放总量 Total Amount of Discharge of Motor Vehicle Pollution	
		总颗粒物 Total Particulate	氮氧化物 Nitrogen Oxide
	2016	**122 757**	**6 315 965**
	2017	**114 314**	**6 412 177**
	2018	**99 350**	**6 445 982**
北　京	BEIJING	1 000	88 285
天　津	TIANJIN	890	71 201
河　北	HEBEI	10 920	554 592
山　西	SHANXI	2 596	227 325
内蒙古	INNER MONGOLIA	3 891	167 654
辽　宁	LIAONING	5 997	285 811
吉　林	JILIN	1 538	130 634
黑龙江	HEILONGJIANG	2 808	180 977
上　海	SHANGHAI	1 176	121 040
江　苏	JIANGSU	4 941	428 345
浙　江	ZHEJIANG	3 275	237 762
安　徽	ANHUI	4 056	314 038
福　建	FUJIAN	1 822	129 572
江　西	JIANGXI	2 751	205 721
山　东	SHANDONG	10 680	657 646
河　南	HENAN	10 323	474 135
湖　北	HUBEI	2 625	205 390
湖　南	HUNAN	2 786	174 737
广　东	GUANGDONG	5 573	423 662
广　西	GUANGXI	2 472	183 482
海　南	HAINAN	400	26 390
重　庆	CHONGQING	1 518	111 116
四　川	SICHUAN	3 194	256 507
贵　州	GUIZHOU	1 681	100 972
云　南	YUNNAN	2 629	153 208
西　藏	TIBET	473	33 706
陕　西	SHAANXI	2 401	168 619
甘　肃	GANSU	1 803	101 865
青　海	QINGHAI	464	31 765
宁　夏	NINGXIA	775	57 954
新　疆	XINJIANG	1 894	141 872

各地区工业污染治理情况（一）
Discharge and Treatment of Industrial Waste Water by Region（1）
（2018）

年份/地区	Year/Region	废水治理设施数量/套 Number of Facilities for Treatment of Waste Water（set）	废水治理设施治理能力/（万吨/日） Capacity of Facilities for Treatment of Waste Water（10 000 tons/day）	废水治理设施运行费用/万元 Annual Expenditure for Operation（10 000 yuan）
	2016	**63 477**	**20 010.4**	**6 270 479.3**
	2017	**62 125**	**18 330.6**	**6 498 905.9**
	2018	**63 412**	**16 317.0**	**6 691 809.6**
北　京	BEIJING	477	38.9	45 030.3
天　津	TIANJIN	863	85.1	76 307.6
河　北	HEBEI	2 466	1 321.7	296 206.5
山　西	SHANXI	1 434	478.3	153 390.9
内蒙古	INNER MONGOLIA	853	371.4	170 798.2
辽　宁	LIAONING	1 715	626.7	199 970.4
吉　林	JILIN	566	142.5	57 427.3
黑龙江	HEILONGJIANG	862	527.1	209 744.6
上　海	SHANGHAI	1 480	153.4	169 718.7
江　苏	JIANGSU	6 743	1 433.7	839 446.5
浙　江	ZHEJIANG	6 894	969.7	809 834.2
安　徽	ANHUI	2 476	1 063.2	238 058.1
福　建	FUJIAN	2 679	970.7	199 538.6
江　西	JIANGXI	2 980	628.9	224 461.7
山　东	SHANDONG	4 575	1 206.9	635 847.0
河　南	HENAN	2 486	780.4	226 127.3
湖　北	HUBEI	1 954	588.5	251 890.9
湖　南	HUNAN	1 830	1 024.4	132 308.7
广　东	GUANGDONG	8 525	965.9	675 547.6
广　西	GUANGXI	1 122	703.9	146 888.8
海　南	HAINAN	266	38.5	28 454.6
重　庆	CHONGQING	1 601	154.2	85 894.9
四　川	SICHUAN	3 491	506.2	228 032.5
贵　州	GUIZHOU	863	343.6	49 566.9
云　南	YUNNAN	1 322	416.7	75 824.3
西　藏	TIBET	52	3.7	767.2
陕　西	SHAANXI	1 130	244.9	128 867.6
甘　肃	GANSU	532	112.8	51 072.6
青　海	QINGHAI	150	27.2	16 122.2
宁　夏	NINGXIA	248	109.9	86 833.4
新　疆	XINJIANG	777	278.1	181 829.3

各地区工业污染治理情况（二）

Discharge and Treatment of Industrial Waste Gas by Region（2）

（2018）

年份/地区	Year/Region	废气治理设施数量/台（套）Facilities for Treatment of Waste Gas(set)	脱硫设施 Desulfurization Facilities	脱硝设施 Denitrification Facilities	除尘设施 Dedusting Facilities	VOCs 治理设施 VOCs Treatment Facilities	废气治理设施运行费用/万元 Annul Expenditure for Operation (10 000 yuan)
	2016	**158 682**	**30 700**	**10 124**	**101 427**	**16 431**	**23 886 925.2**
	2017	**229 618**	**43 070**	**18 859**	**125 630**	**42 059**	**19 679 047.9**
	2018	**246 558**	**41 741**	**21 815**	**129 907**	**53 095**	**21 728 171.1**
北　京	BEIJING	2 169	36	266	1 064	803	83 033.1
天　津	TIANJIN	3 061	268	263	1 334	1 196	457 391.9
河　北	HEBEI	23 036	2 479	1 445	12 660	6 452	2 179 945.4
山　西	SHANXI	14 908	3 465	1 231	9 387	825	1 078 678.1
内蒙古	INNER MONGOLIA	7 403	1 930	688	4 664	121	906 503.6
辽　宁	LIAONING	11 299	2 644	778	7 252	625	988 874.5
吉　林	JILIN	2 966	853	333	1 658	122	229 863.6
黑龙江	HEILONGJIANG	4 241	942	625	2 604	70	189 270.3
上　海	SHANGHAI	6 153	149	267	2 712	3 025	531 945.3
江　苏	JIANGSU	21 030	2 211	1 696	9 246	7 877	2 134 867.4
浙　江	ZHEJIANG	14 181	1 646	1 069	5 686	5 780	1 353 961.6
安　徽	ANHUI	10 395	1 654	704	6 003	2 034	845 211.2
福　建	FUJIAN	7 537	1 303	382	4 306	1 546	479 141.0
江　西	JIANGXI	6 933	1 590	556	4 003	784	518 388.9
山　东	SHANDONG	23 858	4 084	4 090	10 679	5 005	2 576 666.7
河　南	HENAN	12 076	2 219	1 324	6 377	2 156	997 054.9
湖　北	HUBEI	5 153	770	473	3 052	858	699 114.1
湖　南	HUNAN	4 339	1 169	276	2 466	428	400 815.8
广　东	GUANGDONG	23 772	2 883	1 581	10 176	9 132	1 339 976.6
广　西	GUANGXI	4 625	1 126	478	2 741	280	407 445.3
海　南	HAINAN	608	122	65	401	20	60 422.6
重　庆	CHONGQING	3 422	662	181	1 957	622	281 043.8
四　川	SICHUAN	10 209	1 834	543	5 591	2 241	667 160.0
贵　州	GUIZHOU	1 887	505	240	1 053	89	383 787.4
云　南	YUNNAN	4 551	977	236	3 228	110	368 188.3
西　藏	TIBET	117	9	10	97	1	7 430.0
陕　西	SHAANXI	5 376	1 281	717	2 793	585	469 997.3
甘　肃	GANSU	3 677	1 132	336	2 154	55	307 459.6
青　海	QINGHAI	1 052	128	64	849	11	87 355.3
宁　夏	NINGXIA	2 027	454	288	1 195	90	247 583.0
新　疆	XINJIANG	4 497	1 216	610	2 519	152	449 594.6

各地区工业污染防治投资情况（一）

Treatment Investment for Industrial Pollution by Region（1）

（2018）

单位：个 （unit）

年份/地区	Year/Region	汇总工业企业数量 Number of Industrial Enterprises Collected	本年施工项目总数 Numer of Projects under Construction	工业废水治理项目 Treatment of Waste Water	工业废气治理项目 Treatment of Waste Gas	脱硫治理项目 Treatment of Desulfurization	脱硝治理项目 Treatment of Denitration	工业固体废物治理项目 Treatment of Solid Wastes	噪声治理项目 Treatment of Noise Pollution	其他治理项目 Treatment of Other Pollution
	2016	**8 271**	**8 869**	**1 597**	**5 779**	**1 352**	**478**	**215**	**91**	**1 187**
	2017	**9 887**	**9 809**	**1 402**	**6 383**	**1 392**	**610**	**138**	**107**	**1 779**
	2018	**7 991**	**8 257**	**1 243**	**5 058**	**939**	**500**	**162**	**103**	**1 691**
北　京	BEIJING	54	59	14	32	0	1	1	1	11
天　津	TIANJIN	159	109	10	77	2	3	1	1	20
河　北	HEBEI	378	361	18	290	43	63	4	1	48
山　西	SHANXI	343	527	64	333	78	43	17	1	112
内蒙古	INNER MONGOLIA	225	293	39	169	72	18	6	3	76
辽　宁	LIAONING	150	129	15	75	13	20	1	8	30
吉　林	JILIN	59	52	12	37	20	6	1	0	2
黑龙江	HEILONGJIANG	79	72	3	64	20	17	0	0	5
上　海	SHANGHAI	208	241	46	148	0	4	1	3	43
江　苏	JIANGSU	635	608	134	359	33	27	4	3	108
浙　江	ZHEJIANG	952	930	153	529	24	17	8	11	229
安　徽	ANHUI	345	310	38	176	32	24	8	4	84
福　建	FUJIAN	332	255	38	163	22	11	26	1	27
江　西	JIANGXI	437	473	113	266	78	11	7	6	81
山　东	SHANDONG	727	777	119	497	70	61	7	5	149
河　南	HENAN	390	501	38	330	65	68	11	6	116
湖　北	HUBEI	201	187	34	112	16	7	1	6	34
湖　南	HUNAN	140	139	32	88	19	10	0	8	11
广　东	GUANGDONG	756	694	125	404	29	22	11	6	148
广　西	GUANGXI	151	98	16	63	40	2	3	0	16
海　南	HAINAN	16	11	2	2	0	0	0	2	5
重　庆	CHONGQING	90	109	16	61	19	3	1	4	27
四　川	SICHUAN	412	380	54	262	74	13	7	11	46
贵　州	GUIZHOU	76	84	17	42	15	4	4	2	19
云　南	YUNNAN	146	227	32	87	25	3	19	6	83
西　藏	TIBET	7	2	2	0	0	0	0	0	0
陕　西	SHAANXI	197	273	19	171	33	17	6	2	75
甘　肃	GANSU	83	76	3	47	30	2	3	1	22
青　海	QINGHAI	41	53	7	28	6	0	0	0	18
宁　夏	NINGXIA	80	84	6	56	21	7	1	1	20
新　疆	XINJIANG	122	143	24	90	40	16	3	0	26

各地区工业污染防治投资情况（二）

Treatment Investment for Industrial Pollution by Region（2）

（2018）

单位：个 （unit）

年份/地区	Year/Region	本年竣工项目总数 Number of Projects Completed	工业废水治理项目 Treatment of Waste Water	工业废气治理项目 Treatment of Waste Gas	脱硫治理项目 Treatment of Desulfurization	脱硝治理项目 Treatment of Denitration	工业固体废物治理项目 Treatment of Solid Wastes	噪声治理项目 Treatment of Noise Pollution	其他治理项目 Treatment of Other Pollution
	2016	**7 175**	**1 198**	**4 730**	**1 087**	**384**	**167**	**85**	**995**
	2017	**7 889**	**1 020**	**5 235**	**1 105**	**511**	**112**	**91**	**1 431**
	2018	**6 700**	**944**	**4 165**	**748**	**386**	**130**	**84**	**1 377**
北　京	BEIJING	50	10	28	0	1	1	1	10
天　津	TIANJIN	91	6	65	0	3	0	1	19
河　北	HEBEI	295	13	234	35	42	4	1	43
山　西	SHANXI	420	44	270	53	34	12	1	93
内蒙古	INNER MONGOLIA	206	22	131	57	14	2	1	50
辽　宁	LIAONING	106	12	63	13	14	0	7	24
吉　林	JILIN	45	12	31	15	6	0	0	2
黑龙江	HEILONG JIANG	65	2	58	18	14	0	0	5
上　海	SHANGHAI	194	36	123	0	3	1	2	32
江　苏	JIANGSU	503	101	302	25	23	4	3	93
浙　江	ZHEJIANG	769	109	437	16	13	8	9	206
安　徽	ANHUI	254	28	143	24	18	7	4	72
福　建	FUJIAN	213	31	133	19	5	26	0	23
江　西	JIANGXI	393	97	230	62	10	5	5	56
山　东	SHANDONG	694	103	452	65	54	6	4	129
河　南	HENAN	379	26	243	44	49	7	5	98
湖　北	HUBEI	128	20	81	14	4	1	5	21
湖　南	HUNAN	107	25	66	14	9	0	7	9
广　东	GUANGDONG	518	93	319	18	16	6	4	96
广　西	GUANGXI	84	11	57	39	1	3	0	13
海　南	HAINAN	10	2	2	0	0	0	2	4
重　庆	CHONGQING	89	10	52	18	3	0	3	24
四　川	SICHUAN	323	43	225	70	12	7	10	38
贵　州	GUIZHOU	66	12	32	12	3	4	2	16
云　南	YUNNAN	181	26	66	16	2	16	4	69
西　藏	TIBET	1	1	0	0	0	0	0	0
陕　西	SHAANXI	233	16	145	28	13	4	1	67
甘　肃	GANSU	57	3	36	20	2	3	1	14
青　海	QINGHAI	46	5	23	4	0	0	0	18
宁　夏	NINGXIA	65	5	43	18	6	1	1	15
新　疆	XINJIANG	115	20	75	31	12	2	0	18

各地区工业污染防治投资情况（三）

Treatment Investment for Industrial Pollution by Region（3）

（2018）

单位：万元　　　　（10 000 yuan）

年份/地区	Year/Region	施工项目本年完成投资 Investment Completed in the Treatment of Industrial Pollution This Year	工业废水治理项目 Treatment of Waste Water	工业废气治理项目 Treatment of Waste Gas	脱硫治理项目 Treatment of Desulfurization	脱硝治理项目 Treatment of Denitration	工业固体废物治理项目 Treatment of Solid Wastes	噪声治理项目 Treatment of Noise Pollution	其他治理项目 Treatment of Other Pollution
	2016	**8 190 040.5**	**1 082 394.9**	**5 614 702.3**	**1 750 554.8**	**550 494.2**	**389 352.9**	**6 236.0**	**1 097 354.3**
	2017	**6 815 345.5**	**763 760.1**	**4 462 627.9**	**1 595 536.9**	**486 222.0**	**127 419.4**	**12 862.4**	**1 448 675.7**
	2018	**6 212 735.6**	**640 082.4**	**3 931 104.2**	**1 038 503.5**	**782 762.5**	**184 249.5**	**15 181.1**	**1 442 118.6**
北　京	BEIJING	19 384.4	2 421.0	4 913.1	0.0	1 434.4	12.8	6.4	12 031.1
天　津	TIANJIN	72 449.5	1 818.8	56 878.7	29 800.0	1 097.0	36.0	200.0	13 516.0
河　北	HEBEI	987 538.6	9 471.0	896 929.8	163 380.0	421 372.7	5 444.0	22.0	75 671.8
山　西	SHANXI	387 184.8	44 741.4	247 103.9	82 507.2	29 028.5	16 842.8	19.6	78 477.1
内蒙古	INNER MONGOLIA	341 327.1	60 691.5	190 142.7	80 693.8	36 753.3	860.0	607.7	89 025.3
辽　宁	LIAONING	69 238.0	11 842.1	38 569.2	8 706.0	7 871.5	2 023.2	258.4	16 545.3
吉　林	JILIN	28 298.1	4 732.1	22 973.3	12 119.1	5 831.4	475.0	0.0	117.8
黑龙江	HEILONGJIANG	73 140.8	926.8	55 512.0	16 937.4	6 065.4	0.0	0.0	16 702.0
上　海	SHANGHAI	80 826.7	10 009.3	27 692.5	0.0	2 357.8	15.0	158.2	42 951.8
江　苏	JIANGSU	811 732.7	72 903.6	453 183.4	118 465.6	55 566.4	3 903.0	994.6	280 748.1
浙　江	ZHEJIANG	353 080.3	71 385.4	170 626.6	27 267.4	11 446.3	6 313.5	646.8	104 108.0
安　徽	ANHUI	199 045.4	24 563.5	100 795.0	26 696.9	10 462.6	6 267.4	122.2	67 297.2
福　建	FUJIAN	164 161.6	3 752.6	93 705.8	4 287.6	3 755.6	61 083.8	1.1	5 618.4
江　西	JIANGXI	205 246.2	35 431.7	120 121.8	43 800.9	10 138.3	2 863.0	810.1	46 019.6
山　东	SHANDONG	675 117.7	98 736.8	414 990.5	75 931.2	60 330.8	3 049.9	3 025.0	155 315.6
河　南	HENAN	338 292.2	17 775.8	189 345.6	62 064.0	21 960.3	7 076.5	173.4	123 920.9
湖　北	HUBEI	137 434.1	22 806.5	88 292.7	32 470.8	10 602.0	35.0	1 172.0	25 127.8
湖　南	HUNAN	70 504.5	11 565.0	54 695.0	9 644.5	10 429.6	0.0	2 755.1	1 489.4
广　东	GUANGDONG	273 489.9	71 486.3	167 848.9	37 806.5	25 527.1	11 802.9	409.6	21 942.2
广　西	GUANGXI	58 273.5	4 024.5	14 369.6	11 176.1	56.2	35 760.5	0.0	4 118.9
海　南	HAINAN	3 576.1	72.8	231.5	0.0	0.0	0.0	515.0	2 756.8
重　庆	CHONGQING	49 057.4	3 254.9	22 675.6	1 878.2	2 250.0	180.0	970.0	21 976.9
四　川	SICHUAN	163 097.4	15 438.3	115 219.1	21 056.2	10 358.5	1 465.2	1 334.9	29 639.9
贵　州	GUIZHOU	66 125.4	4 061.4	47 522.3	15 861.0	3 400.0	884.0	238.4	13 419.4
云　南	YUNNAN	98 665.4	5 685.4	37 348.8	14 989.7	631.3	12 290.6	310.7	43 029.9
西　藏	TIBET	717.7	717.7	0.0	0.0	0.0	0.0	0.0	0.0
陕　西	SHAANXI	167 775.6	4 719.5	115 808.5	31 853.7	15 967.9	983.0	172.0	46 092.6
甘　肃	GANSU	67 193.4	665.5	26 378.1	18 902.6	2 250.9	3 430.4	248.0	36 471.4
青　海	QINGHAI	23 118.2	7 373.0	12 656.5	7 110.0	0.0	0.0	0.0	3 088.7
宁　夏	NINGXIA	79 087.7	2 690.0	49 400.8	32 712.3	6 821.2	230.0	10.0	26 756.9
新　疆	XINJIANG	148 555.2	14 318.3	95 172.9	50 384.8	8 995.5	922.0	0.0	38 142.0

各地区工业污染防治投资情况（四）

Treatment Investment for Industrial Pollution by Region（4）

（2018）

年份/地区	Year/Region	本年竣工项目新增设计处理能力 Capacity for Treatment of Industrial Pollution Neco-added		
		治理废水/（万吨/日） Treatment of Waste Water（10 000 tons/day）	治理废气（标态）/（万米^3/时） Treatment of Waste Gas（10 000 cu.m/hour）	治理固体废物/（万吨/日） Treatment of Solid Wastes（10 000 tons/day）
	2016	**240.7**	**85 778.2**	**26.2**
	2017	**205.8**	**89 306.9**	**5.1**
	2018	**185.1**	**61 197.8**	**3.3**
北　京	BEIJING	0.2	453.7	...
天　津	TIANJIN	0.1	1 139.8	...
河　北	HEBEI	6.1	7 671.2	0.2
山　西	SHANXI	13.0	3 618.0	0.1
内蒙古	INNER MONGOLIA	6.5	4 673.4	0.4
辽　宁	LIAONING	1.6	3 250.3	0.0
吉　林	JILIN	1.2	314.0	...
黑龙江	HEILONGJIANG	0.2	1 449.6	0.0
上　海	SHANGHAI	2.0	383.5	...
江　苏	JIANGSU	16.0	3 313.7	...
浙　江	ZHEJIANG	20.9	3 446.0	0.2
安　徽	ANHUI	9.4	2 721.0	0.3
福　建	FUJIAN	4.1	1 216.4	0.4
江　西	JIANGXI	13.8	2 749.2	...
山　东	SHANDONG	18.0	4 928.1	0.5
河　南	HENAN	5.5	3 441.3	0.3
湖　北	HUBEI	3.9	2 675.3	0.1
湖　南	HUNAN	4.3	1 111.2	...
广　东	GUANGDONG	22.8	3 117.2	0.3
广　西	GUANGXI	3.6	524.6	...
海　南	HAINAN	...	0.4	0.0
重　庆	CHONGQING	2.0	325.2	0.0
四　川	SICHUAN	11.7	1 818.0	...
贵　州	GUIZHOU	1.8	1 750.6	0.1
云　南	YUNNAN	3.3	1 320.8	0.2
西　藏	TIBET	0.0	0.0	0.0
陕　西	SHAANXI	5.4	650.6	0.2
甘　肃	GANSU	0.2	227.4	0.0
青　海	QINGHAI	1.3	274.2	...
宁　夏	NINGXIA	0.3	1 411.9	...
新　疆	XINJIANG	6.0	1 221.1	...

各地区污水处理情况（一）
Urban Waste Water Treatment by Region（1）
（2018）

年份/地区	Year/Region	污水处理厂数量/家 Number of Urban Waste Water Treatment Plants (unit)	污水处理厂设计处理能力/(万吨/日) Treatment Capacity (10 000 tons/day)	污水实际处理量/万吨 Quantity of Waste Water Treated (10 000 tons)	本年运行费用/万元 Annul Expenditure for Operation (10 000 yuan)	污水处理厂累计完成投资/万元 Total Investment of Urban Waste Water Treatment (10 000 yuan)	新增固定资产/万元 Newly-added Fixed Assets (10 000 yuan)
	2016	**7 103**	**20 780**	**5 858 211**	**5 399 205.2**	**54 914 072.6**	**3 774 755.2**
	2017	**7 536**	**22 011**	**6 271 983**	**6 444 629.1**	**61 193 859.1**	**3 710 390.2**
	2018	**8 200**	**23 537**	**6 798 241**	**7 395 963.1**	**68 616 383.3**	**4 056 059.6**
北　京	BEIJING	158	711	207 709	327 025.7	3 636 795.0	27 116.3
天　津	TIANJIN	86	337	114 996	126 641.9	1 120 513.0	96 500.0
河　北	HEBEI	335	1 124	289 896	392 777.0	3 210 957.6	112 082.5
山　西	SHANXI	230	443	117 032	158 026.9	1 651 921.0	69 416.7
内蒙古	INNER MONGOLIA	166	436	105 169	183 236.0	1 848 051.5	152 738.9
辽　宁	LIAONING	211	1 000	277 220	259 226.2	2 289 213.1	131 696.5
吉　林	JILIN	79	444	121 444	115 277.0	1 557 520.5	90 023.4
黑龙江	HEILONGJIANG	161	467	120 632	145 769.8	1 352 765.5	25 250.7
上　海	SHANGHAI	51	801	265 541	223 887.6	2 644 807.6	243 110.4
江　苏	JIANGSU	783	1 914	529 434	779 554.8	6 067 236.2	401 083.1
浙　江	ZHEJIANG	362	1 580	473 414	696 516.5	5 078 715.0	356 878.9
安　徽	ANHUI	272	917	257 243	188 062.5	2 210 349.3	193 169.0
福　建	FUJIAN	197	636	175 836	204 138.5	1 542 030.5	176 441.6
江　西	JIANGXI	261	502	140 009	133 360.2	1 138 254.0	69 981.5
山　东	SHANDONG	523	1 840	536 224	643 507.4	4 493 826.5	298 014.0
河　南	HENAN	336	1 452	418 413	357 184.3	3 915 792.4	120 750.4
湖　北	HUBEI	295	927	282 633	211 841.1	2 410 422.8	278 633.8
湖　南	HUNAN	197	830	265 886	170 126.5	2 282 523.7	205 601.0
广　东	GUANGDONG	613	2 867	852 783	734 566.3	6 604 126.2	252 264.0
广　西	GUANGXI	233	530	180 967	125 611.5	1 484 844.1	67 590.1
海　南	HAINAN	70	145	38 399	33 169.4	529 982.6	28 358.7
重　庆	CHONGQING	552	464	143 191	201 038.5	1 855 553.4	123 823.4
四　川	SICHUAN	1 012	919	271 742	336 087.9	2 498 978.6	121 224.7
贵　州	GUIZHOU	280	361	102 735	72 979.3	1 249 544.7	73 967.0
云　南	YUNNAN	153	388	130 326	100 964.5	1 173 741.0	11 903.2
西　藏	TIBET	11	30	7 216	10 861.4	128 856.7	1 032.2
陕　西	SHAANXI	194	600	171 184	191 796.3	1 700 153.3	81 436.8
甘　肃	GANSU	128	253	58 398	83 106.7	992 174.6	92 089.8
青　海	QINGHAI	44	64	19 166	20 759.9	276 712.5	13 692.3
宁　夏	NINGXIA	46	147	36 466	64 778.4	436 673.6	24 033.4
新　疆	XINJIANG	161	407	86 938	104 083.3	1 233 346.9	116 155.0

各地区污水处理情况（二）
Urban Waste Water Treatment by Region（2）
（2018）

单位：万吨 （10 000 tons）

年份/地区	Year/Region	污泥产生量 Quantity of Sludge Generated	污泥处置量 Quantity of Sludge Disposed	土地利用量 Landuse	填埋处置量 Landfill	建筑材料利用量 As Building Material	焚烧处置量 Incineration	污泥倾倒丢弃量 Quantity of Sludge Discharged
	2016	**1 789.22**	**1 785.16**	**337.94**	**697.32**	**267.31**	**482.59**	**4.07**
	2017	**1 507.36**	**1 505.86**	**357.60**	**473.14**	**259.73**	**415.39**	**1.49**
	2018	**1 376.68**	**1 376.36**	**346.35**	**382.99**	**246.06**	**400.96**	**0.32**
北　京	BEIJING	59.90	59.90	45.76	1.93	2.51	9.69	0.00
天　津	TIANJIN	29.18	29.18	15.96	1.03	3.66	8.54	0.00
河　北	HEBEI	95.25	95.25	25.82	39.44	9.37	20.62	0.00
山　西	SHANXI	23.43	23.43	5.92	11.98	2.16	3.36	…
内蒙古	INNER MONGOLIA	29.70	29.70	5.06	18.12	0.82	5.70	0.00
辽　宁	LIAONING	50.89	50.89	16.10	24.53	9.09	1.18	0.00
吉　林	JILIN	24.40	24.40	10.29	8.17	0.31	5.64	0.00
黑龙江	HEILONGJIANG	19.40	19.39	7.73	11.36	…	0.29	0.01
上　海	SHANGHAI	39.35	39.35	1.03	27.42	0.00	10.90	0.00
江　苏	JIANGSU	138.85	138.85	10.92	16.66	21.25	90.02	…
浙　江	ZHEJIANG	165.73	165.73	9.14	5.79	36.48	114.32	0.00
安　徽	ANHUI	31.80	31.80	6.60	11.16	4.71	9.33	0.00
福　建	FUJIAN	30.47	30.47	8.38	3.62	9.07	9.40	0.00
江　西	JIANGXI	15.50	15.50	2.51	9.01	2.46	1.52	0.00
山　东	SHANDONG	126.36	126.36	40.82	19.06	20.06	46.43	0.00
河　南	HENAN	68.45	68.45	29.74	25.27	7.80	5.64	0.00
湖　北	HUBEI	32.20	32.20	9.51	8.58	10.37	3.75	0.00
湖　南	HUNAN	41.26	41.26	0.61	26.61	6.69	7.35	0.00
广　东	GUANGDONG	134.73	134.69	33.74	10.12	70.60	20.23	0.04
广　西	GUANGXI	29.70	29.70	18.15	3.98	1.74	5.83	…
海　南	HAINAN	5.03	5.03	3.02	0.49	0.65	0.88	…
重　庆	CHONGQING	27.44	27.44	2.27	6.65	9.92	8.60	0.00
四　川	SICHUAN	39.93	39.93	17.52	12.13	3.20	7.08	…
贵　州	GUIZHOU	14.80	14.80	1.12	4.94	6.63	2.11	0.00
云　南	YUNNAN	14.35	14.35	3.33	10.09	0.41	0.52	0.00
西　藏	TIBET	0.58	0.44	0.16	0.28	0.00	0.00	0.14
陕　西	SHAANXI	33.22	33.22	4.57	21.22	6.10	1.33	0.00
甘　肃	GANSU	18.01	18.01	1.36	16.63	0.01	…	…
青　海	QINGHAI	2.86	2.86	0.00	2.86	0.00	0.00	0.00
宁　夏	NINGXIA	10.03	10.03	4.88	4.69	0.00	0.45	0.00
新　疆	XINJIANG	23.86	23.73	4.35	19.14	0.01	0.24	0.12

各地区污水处理情况（三）
Urban Waste Water Treatment by Region（3）
（2018）

单位：吨 （ton）

年份/地区	Year/Region	污染物去除量 Quantity of Pollutants Removed by Urban Waste Water Treatment					
		化学需氧量 COD	氨氮 Ammonia Nitrogen	总氮 Total Nitrogen	总磷 Total Phosphorus	挥发酚 Volatile Phenols	氰化物 Cyanide
	2016	**13 812 942.4**	**1 311 934.0**	**1 447 269.8**	**169 070.2**	**978.9**	**2 830.8**
	2017	**15 400 133.7**	**1 439 775.0**	**1 569 371.2**	**195 444.6**	**1 699.4**	**7 785.1**
	2018	**16 562 091.4**	**1 565 448.3**	**1 730 897.1**	**226 403.6**	**1 958.5**	**4 428.2**
北　京	BEIJING	815 749.1	74 676.0	96 181.2	11 281.3	132.9	0.2
天　津	TIANJIN	393 415.1	35 521.5	44 088.3	6 209.3	28.2	6.4
河　北	HEBEI	843 237.6	90 101.9	107 632.9	11 300.5	226.4	…
山　西	SHANXI	338 264.4	39 930.4	45 401.1	4 375.2	20.1	1.2
内蒙古	INNER MONGOLIA	434 482.7	38 181.0	48 568.4	5 784.3	7.4	9.7
辽　宁	LIAONING	584 171.6	56 153.3	55 934.3	7 631.3	10.9	0.2
吉　林	JILIN	322 938.6	26 574.5	30 340.2	4 251.0	10.6	0.7
黑龙江	HEILONGJIANG	348 130.1	34 477.7	35 076.2	4 802.1	4.0	10.4
上　海	SHANGHAI	612 543.9	49 877.1	57 121.1	8 980.7	416.1	4.7
江　苏	JIANGSU	1 359 859.2	117 076.8	121 918.4	16 753.2	406.9	104.5
浙　江	ZHEJIANG	1 313 196.2	102 780.8	104 231.5	16 330.0	11.2	2 551.6
安　徽	ANHUI	406 153.4	50 572.3	52 409.0	5 671.0	2.8	72.5
福　建	FUJIAN	378 477.2	34 069.1	34 525.3	4 721.0	12.9	336.7
江　西	JIANGXI	193 102.5	20 081.0	20 894.1	2 497.3	0.7	8.6
山　东	SHANDONG	1 717 312.5	158 475.2	180 954.9	23 252.7	106.2	216.8
河　南	HENAN	999 590.6	116 144.2	128 888.8	14 746.1	63.3	14.3
湖　北	HUBEI	437 886.8	46 285.2	44 492.2	5 389.7	26.3	6.3
湖　南	HUNAN	432 164.0	35 394.9	39 417.6	4 923.0	39.0	7.4
广　东	GUANGDONG	1 662 690.6	145 823.8	151 548.4	25 845.0	5.7	1 041.1
广　西	GUANGXI	240 136.0	26 676.9	26 542.2	4 323.4	0.3	…
海　南	HAINAN	74 500.6	7 083.4	7 508.4	1 385.2	0.0	0.0
重　庆	CHONGQING	376 694.7	33 684.8	37 670.5	6 035.5	0.6	2.8
四　川	SICHUAN	514 945.6	59 823.0	59 125.1	7 379.5	15.0	0.8
贵　州	GUIZHOU	152 738.4	16 910.0	20 870.7	1 213.8	…	20.3
云　南	YUNNAN	312 455.4	31 643.3	35 342.2	4 685.7	0.3	0.0
西　藏	TIBET	4 730.9	500.2	537.2	77.8	0.0	0.0
陕　西	SHAANXI	568 319.9	55 195.1	62 076.5	7 083.9	0.0	3.5
甘　肃	GANSU	236 263.7	21 970.5	31 275.6	3 250.1	137.9	1.3
青　海	QINGHAI	43 929.1	3 553.9	4 638.9	412.6	0.0	0.0
宁　夏	NINGXIA	135 741.6	12 348.7	14 843.8	2 608.6	10.9	4.9
新　疆	XINJIANG	308 269.3	23 862.1	30 841.9	3 202.6	262.0	1.4

各地区生活垃圾处理情况（一）
Centralized Treatment of Garbage by Region（1）
（2018）

年份/地区	Year/Region	生活垃圾处理场（厂）数量/家 Number of Garbage Treatment Plants(unit)	本年运行费用/万元 Annul Expenditure for Operation (10 000 yuan)	生活垃圾处理场（厂）累计完成投资/万元 Total Investment of Garbage Treatment Plants (10 000 yuan)	新增固定资产/万元 Newly-added Fixed Assets (10 000 yuan)
	2016	**2 327**	**835 917.1**	**18 297 665.8**	**931 706.5**
	2017	**2 323**	**961 074.7**	**21 401 362.0**	**1 542 589.7**
	2018	**2 381**	**1 084 593.8**	**25 379 945.3**	**1 194 827.0**
北　京	BEIJING	28	68 093.3	1 320 428.4	11 262.7
天　津	TIANJIN	9	20 918.9	187 644.5	1 813.4
河　北	HEBEI	117	42 230.5	694 834.3	28 156.7
山　西	SHANXI	98	29 907.0	465 319.6	27 910.5
内蒙古	INNER MONGOLIA	108	24 728.1	489 962.7	15 065.7
辽　宁	LIAONING	49	28 301.2	463 866.3	16 001.5
吉　林	JILIN	49	19 895.8	438 669.6	12 164.8
黑龙江	HEILONGJIANG	53	17 335.4	363 594.9	1 978.9
上　海	SHANGHAI	16	18 711.9	775 297.2	28 495.6
江　苏	JIANGSU	68	50 338.5	1 783 290.8	136 950.4
浙　江	ZHEJIANG	107	74 914.6	2 771 419.2	115 332.2
安　徽	ANHUI	73	30 044.6	994 307.2	73 568.3
福　建	FUJIAN	66	23 843.8	1 139 131.4	66 904.3
江　西	JIANGXI	77	25 504.5	442 660.5	21 384.3
山　东	SHANDONG	107	47 857.8	2 216 084.0	186 014.1
河　南	HENAN	122	31 471.6	566 028.0	38 032.5
湖　北	HUBEI	114	37 532.6	901 014.8	26 202.0
湖　南	HUNAN	104	82 771.6	1 311 145.6	80 672.5
广　东	GUANGDONG	126	157 342.1	2 944 735.4	111 972.4
广　西	GUANGXI	90	39 713.5	655 180.7	29 787.3
海　南	HAINAN	19	6 216.5	201 005.1	2 944.7
重　庆	CHONGQING	40	19 393.4	440 614.0	6 564.7
四　川	SICHUAN	129	64 779.9	1 191 445.3	23 203.1
贵　州	GUIZHOU	63	24 411.7	344 211.7	6 312.6
云　南	YUNNAN	120	22 771.1	648 889.4	15 493.0
西　藏	TIBET	71	6 348.3	122 069.6	3 263.6
陕　西	SHAANXI	83	21 233.6	353 427.7	12 861.3
甘　肃	GANSU	88	10 756.3	264 689.3	8 144.3
青　海	QINGHAI	60	4 497.6	77 901.4	7 105.7
宁　夏	NINGXIA	21	4 152.0	113 659.2	1 083.6
新　疆	XINJIANG	106	28 575.9	697 417.7	78 180.2

各地区生活垃圾处理情况（二）
Centralized Treatment of Garbage by Region（2）
（2018）

单位：万吨　　　　　　　　　　　　　　　　　　　　　　　　　　　　（10 000 tons）

年份/地区	Year/ Region	填埋量 Landfill	堆肥量 Compost	焚烧量 Incineration	其他方式处理量 Other
	2016	**18 349.0**	**288.1**	**7 718.3**	**323.2**
	2017	**21 249.5**	**203.6**	**8 855.6**	**1 579.3**
	2018	**19 630.9**	**161.4**	**10 574.1**	**899.9**
北　京	BEIJING	475.5	128.4	361.5	35.9
天　津	TIANJIN	154.7	0.0	165.2	8.4
河　北	HEBEI	943.5	4.7	216.2	55.3
山　西	SHANXI	589.6	2.6	119.3	17.4
内蒙古	INNER MONGOLIA	601.4	0.0	45.5	35.1
辽　宁	LIAONING	907.8	0.0	87.2	0.0
吉　林	JILIN	434.7	0.0	161.7	33.6
黑龙江	HEILONGJIANG	427.7	0.0	43.9	35.1
上　海	SHANGHAI	351.8	7.6	414.0	0.0
江　苏	JIANGSU	494.4	0.0	1 156.8	96.2
浙　江	ZHEJIANG	801.8	0.0	1 424.4	65.6
安　徽	ANHUI	592.2	0.8	488.8	24.8
福　建	FUJIAN	708.2	0.0	648.9	3.4
江　西	JIANGXI	712.4	0.0	116.2	29.7
山　东	SHANDONG	774.2	2.2	1 188.8	21.6
河　南	HENAN	1 738.6	9.4	151.9	28.2
湖　北	HUBEI	646.1	0.0	392.9	60.6
湖　南	HUNAN	952.6	0.0	372.0	82.6
广　东	GUANGDONG	2 200.5	0.0	1 509.9	34.3
广　西	GUANGXI	562.5	0.8	184.0	25.5
海　南	HAINAN	197.6	0.0	126.7	18.8
重　庆	CHONGQING	405.6	0.0	183.6	16.2
四　川	SICHUAN	903.9	0.7	514.8	51.8
贵　州	GUIZHOU	439.1	0.0	112.7	10.8
云　南	YUNNAN	399.9	4.3	236.4	24.7
西　藏	TIBET	88.9	0.0	21.6	0.5
陕　西	SHAANXI	846.9	0.0	0.0	11.2
甘　肃	GANSU	324.8	0.0	73.4	12.8
青　海	QINGHAI	216.6	0.0	0.1	3.2
宁　夏	NINGXIA	99.0	0.0	51.3	18.2
新　疆	XINJIANG	638.4	0.0	4.5	38.6

各地区危险废物（医疗废物）集中处置情况（一）
Centralized Treatment of Hazardous Wastes（Medical Wastes）by Region（1）
（2018）

年份/地区	Year/Region	危险废物集中处置厂数量/家 Number of Centralized Hazardous Wastes Treatment Plants（unit）	医疗废物集中处置厂数量/家 Number of Centralized Medical Wastes Treatment Plants（unit）	本年运行费用/万元 Annul Expenditure for Operation（10 000 yuan）	危险（医疗）废物集中处置厂累计完成投资/万元 Total Investment of Hazardous/Medical Wastes Treatment Plants（10 000 yuan）	新增固定资产/万元 Newly-added Fixed Assets（10 000 yuan）
	2016	**938**	**260**	**1 185 923.3**	**5 867 799.7**	**485 032.5**
	2017	**1 203**	**302**	**2 231 390.1**	**9 242 656.4**	**695 144.9**
	2018	**1 229**	**310**	**2 447 740.0**	**9 198 260.8**	**771 827.7**
北　京	BEIJING	9	1	66 297.6	119 891.6	4 377.0
天　津	TIANJIN	17	1	62 941.0	116 909.0	2 617.6
河　北	HEBEI	28	12	44 251.9	226 489.2	28 914.6
山　西	SHANXI	15	13	20 699.8	106 048.0	4 302.0
内蒙古	INNER MONGOLIA	14	11	21 403.0	79 407.7	4 242.4
辽　宁	LIAONING	31	10	76 607.7	218 586.8	16 239.8
吉　林	JILIN	31	7	33 254.2	108 148.4	7 052.8
黑龙江	HEILONGJIANG	23	12	18 999.2	72018.6	6 248.5
上　海	SHANGHAI	24	0	142 220.4	417 992.1	17 874.3
江　苏	JIANGSU	269	4	413 428.0	1 420 728.6	165 957.9
浙　江	ZHEJIANG	133	6	235 428.6	740 560.6	87 071.2
安　徽	ANHUI	33	10	58 727.5	232 435.9	33 108.3
福　建	FUJIAN	41	7	47 023.6	276 893.6	27 343.3
江　西	JIANGXI	56	9	89 240.9	515 017.3	23 768.8
山　东	SHANDONG	84	13	184 221.5	639 851.0	40 010.0
河　南	HENAN	31	26	44 690.1	176 430.7	14 043.5
湖　北	HUBEI	44	12	115 222.7	770 927.6	33 672.2
湖　南	HUNAN	14	10	21 386.2	89 269.7	4 320.7
广　东	GUANGDONG	101	21	361 010.9	698 966.7	80 166.8
广　西	GUANGXI	27	9	30 913.6	413 584.3	7 526.1
海　南	HAINAN	4	2	4 868.6	26 989.1	67.4
重　庆	CHONGQING	22	10	40 551.4	212 113.5	9 827.2
四　川	SICHUAN	32	23	77 284.1	267 683.8	24 760.2
贵　州	GUIZHOU	15	17	13 177.3	73 629.7	6 779.8
云　南	YUNNAN	5	13	16 391.5	71 597.1	8 437.5
西　藏	TIBET	2	5	2 838.2	14 886.3	978.9
陕　西	SHAANXI	36	9	62 996.0	493 704.8	33 439.0
甘　肃	GANSU	16	16	23 742.8	118 290.7	20 505.6
青　海	QINGHAI	17	6	18 475.6	86 580.7	6 749.4
宁　夏	NINGXIA	16	3	15 792.7	64 939.3	4 491.2
新　疆	XINJIANG	39	12	83 653.4	327 688.7	46 933.5

各地区危险废物（医疗废物）集中处置情况（二）

Centralized Treatment of Hazardous Wastes（Medical Wastes）by Region（2）

（2018）

单位：吨 （ton）

年份/地区	Year/Region	危险废物实际处置量 Volume of Hazardous Wastes Disposed	工业危险废物处置量 Industrial Hazardous Wastes	医疗废物处置量 Medical Hazardous Wastes	其他危险废物处置量 Other Hazardous Wastes	危险废物综合利用量 Volume of Hazardous Wastes Utilized
	2016	**9 043 527**	**7 572 446**	**842 606**	**628 475**	**8 942 534**
	2017	**9 125 579**	**7 732 580**	**953 009**	**439 989**	**13 907 946**
	2018	**11 008 682**	**9 231 796**	**1 036 704**	**740 182**	**14 261 914**
北　京	BEIJING	173 735	102 360	20 133	51 242	39 624
天　津	TIANJIN	292 621	277 421	14 080	1 120	505 375
河　北	HEBEI	193 153	108 007	32 402	52 744	69 219
山　西	SHANXI	69 254	44 865	22 862	1 528	41 324
内蒙古	INNER MONGOLIA	78 762	54 594	15 938	8 230	37 971
辽　宁	LIAONING	360 369	325 902	28 239	6 228	302 782
吉　林	JILIN	296 879	269 916	15 830	11 134	260 372
黑龙江	HEILONGJIANG	150 262	111 237	28 667	10 358	78 167
上　海	SHANGHAI	497 491	338 532	54 435	104 525	148 261
江　苏	JIANGSU	1 610 649	1 530 251	65 308	15 090	2 764 287
浙　江	ZHEJIANG	1 537 253	1 434 271	96 776	6 206	1 941 556
安　徽	ANHUI	191 526	154 787	33 563	3 176	193 835
福　建	FUJIAN	350 091	246 724	29 953	73 414	259 500
江　西	JIANGXI	134 191	110 105	20 123	3 963	797 039
山　东	SHANDONG	815 450	719 194	75 139	21 118	1 908 787
河　南	HENAN	225 405	109 498	63 610	52 297	247 281
湖　北	HUBEI	200 034	154 396	42 282	3 356	382 020
湖　南	HUNAN	89 443	53 068	34 548	1 827	30 044
广　东	GUANGDONG	1 119 432	928 529	109 515	81 388	1 533 180
广　西	GUANGXI	108 654	67 121	28 912	12 622	421 381
海　南	HAINAN	26 083	20 190	5 892	0	3
重　庆	CHONGQING	214 983	174 313	22 976	17 694	178 481
四　川	SICHUAN	161 391	104 790	55 307	1 294	357 486
贵　州	GUIZHOU	34 563	7 311	25 075	2 178	25 429
云　南	YUNNAN	60 215	31 205	27 913	1 097	11 955
西　藏	TIBET	2 842	0	2 155	687	0
陕　西	SHAANXI	262 908	211 423	30 283	21 202	1 138 149
甘　肃	GANSU	122 873	102 716	12 082	8 075	103 913
青　海	QINGHAI	55 685	50 465	4 665	554	80 306
宁　夏	NINGXIA	63 149	58 263	4 886	0	149 970
新　疆	XINJIANG	1 509 335	1 330 344	13 155	165 837	254 215

10

各工业行业污染排放及治理统计

各工业行业工业废水排放及处理情况（一）

（2018）

单位：吨

行业名称	工业废水中污染物排放量			
	化学需氧量	氨氮	总氮	总磷
行业汇总	**813 893.9**	**39 862.6**	**144 371.4**	**7 423.6**
农、林、牧、渔专业及辅助性活动	1 751.6	89.4	177.6	32.8
煤炭开采和洗选业	15 231.2	41.7	66.7	0.1
石油和天然气开采业	1 527.0	87.2	103.0	0.0
黑色金属矿采选业	1 205.5	45.1	131.5	0.2
有色金属矿采选业	6 936.4	328.5	1 041.4	6.0
非金属矿采选业	1 769.6	279.9	212.1	38.8
开采专业及辅助性活动	56.0	4.0	4.5	0.0
其他采矿业	0.0	0.0	0.0	0.0
农副食品加工业	155 961.6	6 471.1	21 421.5	2 354.6
食品制造业	55 813.9	2 951.5	10 326.6	703.4
酒、饮料和精制茶制造业	60 642.1	2 568.2	8 649.9	600.0
烟草制品业	1 290.8	44.1	155.6	1.1
纺织业	103 033.8	3 131.0	15 923.9	478.1
纺织服装、服饰业	2 884.9	77.8	443.2	46.8
皮革、毛皮、羽毛及其制品和制鞋业	8 541.5	648.3	2 496.6	60.6
木材加工和木、竹、藤、棕、草制品业	2 504.1	3.0	11.6	0.4
家具制造业	325.4	1.3	19.3	12.8
造纸和纸制品业	96 276.6	1 946.9	5 521.5	150.1
印刷和记录媒介复制业	551.0	40.3	63.5	0.8
文教、工美、体育和娱乐用品制造业	843.3	26.4	126.8	8.9
石油、煤炭及其他燃料加工业	17 803.2	1 268.5	7 547.6	97.8
化学原料和化学制品制造业	103 859.0	10 170.8	34 296.9	904.7
医药制造业	31 306.9	2 138.7	7 905.3	490.1
化学纤维制造业	20 810.4	984.9	1 572.3	39.8
橡胶和塑料制品业	3 502.1	169.6	933.3	37.2
非金属矿物制品业	5 791.2	60.5	216.2	6.7
黑色金属冶炼和压延加工业	8 810.4	653.8	1 973.0	72.1
有色金属冶炼和压延加工业	14 615.9	1 421.2	1 768.0	79.7
金属制品业	10 252.1	498.6	1 716.1	194.3
通用设备制造业	2 903.0	63.3	364.0	45.7
专用设备制造业	2 037.1	29.7	354.3	24.1
汽车制造业	7 571.8	97.5	816.5	207.2
铁路、船舶、航空航天和其他运输设备制造业	3 016.2	51.3	240.6	60.2
电气机械和器材制造业	10 771.9	511.0	1 602.2	100.6
计算机、通信和其他电子设备制造业	16 728.0	1 274.7	8 301.6	212.2
仪器仪表制造业	576.4	51.3	105.4	3.6
其他制造业	433.8	14.3	62.8	3.7
废弃资源综合利用业	2 464.0	73.8	161.8	10.5
金属制品、机械和设备修理业	170.9	4.6	34.5	0.7
电力、热力生产和供应业	17 696.6	1 223.2	1 840.2	72.0
燃气生产和供应业	822.0	52.3	26.2	3.8
水的生产和供应业	14 804.8	263.3	5 636.0	261.2

各工业行业工业废水排放及处理情况（二）
（2018）

行业名称	工业废水中污染物排放量			
	石油类/吨	挥发酚/千克	氰化物/千克	重金属/千克
行业汇总	**7 157.7**	**174 440.7**	**46 052.7**	**125 421.2**
农、林、牧、渔专业及辅助性活动	1.6	0.0	0.0	0.0
煤炭开采和洗选业	332.2	26.3	0.0	10 565.7
石油和天然气开采业	55.9	1 622.3	0.4	21.6
黑色金属矿采选业	39.3	0.0	0.0	62.2
有色金属矿采选业	9.1	0.0	830.2	24 462.4
非金属矿采选业	30.4	0.0	0.0	22.3
开采专业及辅助性活动	0.0	0.0	0.0	16.5
其他采矿业	0.0	0.0	0.0	55.6
农副食品加工业	116.1	0.4	28.8	5.4
食品制造业	96.2	0.0	0.1	0.2
酒、饮料和精制茶制造业	1.4	2.5	0.3	1.6
烟草制品业	0.0	0.0	0.0	0.0
纺织业	2.1	18.9	0.0	822.8
纺织服装、服饰业	0.0	0.0	0.0	0.0
皮革、毛皮、羽毛及其制品和制鞋业	1.1	0.0	0.0	19 162.5
木材加工和木、竹、藤、棕、草制品业	0.0	0.0	0.0	0.0
家具制造业	10.9	1.7	0.0	9.4
造纸和纸制品业	54.4	15 022.1	0.0	0.0
印刷和记录媒介复制业	25.9	0.0	0.0	1.7
文教、工美、体育和娱乐用品制造业	43.2	2.0	2.3	31.9
石油、煤炭及其他燃料加工业	649.8	107 025.6	15 342.8	1 069.0
化学原料和化学制品制造业	581.5	30 926.6	11 596.8	7 590.3
医药制造业	3.1	704.6	20.1	48.0
化学纤维制造业	44.4	141.2	0.0	40.3
橡胶和塑料制品业	75.9	0.0	0.0	48.9
非金属矿物制品业	73.4	1 894.8	185.0	1.8
黑色金属冶炼和压延加工业	350.5	15 688.7	7 873.8	4 357.2
有色金属冶炼和压延加工业	614.5	1 012.7	913.2	19 723.2
金属制品业	990.7	9.0	6 446.7	20 306.9
通用设备制造业	636.7	0.0	19.4	1 786.5
专用设备制造业	157.1	85.4	35.8	690.2
汽车制造业	1 371.1	53.0	51.2	942.0
铁路、船舶、航空航天和其他运输设备制造业	168.8	0.0	35.0	482.4
电气机械和器材制造业	126.9	0.5	28.2	3 737.1
计算机、通信和其他电子设备制造业	306.2	46.4	2 642.2	8 934.8
仪器仪表制造业	6.6	0.0	0.2	4.0
其他制造业	4.4	0.7	0.0	3.9
废弃资源综合利用业	118.3	0.0	0.0	341.6
金属制品、机械和设备修理业	21.5	0.0	0.0	3.3
电力、热力生产和供应业	29.8	154.1	0.0	10.0
燃气生产和供应业	6.0	1.3	0.2	0.0
水的生产和供应业	0.9	0.0	0.0	57.7

各工业行业工业废气排放及处理情况

（2018）

单位：吨

行业名称	二氧化硫排放量	氮氧化物排放量	颗粒物排放量
行业汇总	**4 467 324.1**	**5 887 366.4**	**9 489 036.9**
农、林、牧、渔专业及辅助性活动	13 864.0	8 744.4	11 017.5
煤炭开采和洗选业	16 579.3	29 346.1	1 151 750.4
石油和天然气开采业	21 546.0	16 665.7	4 576.6
黑色金属矿采选业	7 400.3	13 303.4	123 904.7
有色金属矿采选业	1 797.6	3 702.2	183 257.7
非金属矿采选业	8 055.5	23 517.9	241 474.6
开采专业及辅助性活动	798.9	786.4	5 928.5
其他采矿业	0.0	9.4	74.3
农副食品加工业	52 736.9	49 721.4	97 123.5
食品制造业	27 360.5	30 619.5	23 872.4
酒、饮料和精制茶制造业	16 011.7	16 934.1	20 537.1
烟草制品业	766.3	1 347.1	12 697.8
纺织业	30 607.5	30 763.4	24 930.8
纺织服装、服饰业	1 067.0	1 491.9	3 367.6
皮革、毛皮、羽毛及其制品和制鞋业	2 200.7	1 910.3	38 798.7
木材加工和木、竹、藤、棕、草制品业	26 376.6	20 856.8	173 117.5
家具制造业	2 232.8	2 817.2	53 444.0
造纸和纸制品业	48 978.7	57 565.1	43 995.9
印刷和记录媒介复制业	590.8	1 568.8	1 118.5
文教、工美、体育和娱乐用品制造业	687.7	738.1	12 073.0
石油、煤炭及其他燃料加工业	166 015.6	394 868.6	371 741.7
化学原料和化学制品制造业	363 362.0	319 726.6	547 198.4
医药制造业	11 898.1	15 281.1	11 451.3
化学纤维制造业	12 625.3	14 703.5	8 179.5
橡胶和塑料制品业	15 464.0	16 143.0	88 770.1
非金属矿物制品业	1 068 433.6	1 661 853.6	3 274 759.8
黑色金属冶炼和压延加工业	726 801.1	1 346 352.8	1 166 124.2
有色金属冶炼和压延加工业	578 393.2	265 898.3	383 788.4
金属制品业	25 502.7	39 086.1	273 132.2
通用设备制造业	5 095.4	15 909.0	142 333.6
专用设备制造业	2 597.5	5 900.5	76 876.6
汽车制造业	2 596.4	16 288.1	84 087.3
铁路、船舶、航空航天和其他运输设备制造业	959.0	3 286.9	16 388.9
电气机械和器材制造业	6 517.4	20 868.3	19 023.6
计算机、通信和其他电子设备制造业	1 320.2	4 372.1	10 938.1
仪器仪表制造业	20.6	51.6	305.1
其他制造业	441.7	500.0	2 310.7
废弃资源综合利用业	5 731.1	6 359.9	29 505.2
金属制品、机械和设备修理业	55.6	363.9	2 526.3
电力、热力生产和供应业	1 193 153.6	1 424 000.3	744 125.8
燃气生产和供应业	462.7	3 096.9	7 804.7
水的生产和供应业	218.5	46.2	604.2

各工业行业一般工业固体废物产生及利用处置情况

（2018）

单位：万吨

行业名称	一般工业固体废物产生量	一般工业固体废物综合利用量	一般工业固体废物处置量
行业汇总	**407 799**	**216 860**	**103 283**
农、林、牧、渔专业及辅助性活动	152	146	6
煤炭开采和洗选业	55 226	26 183	23 366
石油和天然气开采业	274	114	112
黑色金属矿采选业	50 578	11 371	12 162
有色金属矿采选业	60 315	8 212	25 536
非金属矿采选业	15 390	9 771	3 004
开采专业及辅助性活动	304	95	206
其他采矿业	4	5	0
农副食品加工业	6 072	5 761	262
食品制造业	1 070	927	101
酒、饮料和精制茶制造业	1 630	1 500	129
烟草制品业	295	284	10
纺织业	792	614	177
纺织服装、服饰业	92	81	10
皮革、毛皮、羽毛及其制品和制鞋业	94	71	20
木材加工和木、竹、藤、棕、草制品业	1 520	1 439	80
家具制造业	193	181	12
造纸和纸制品业	2 848	2 335	407
印刷和记录媒介复制业	183	164	19
文教、工美、体育和娱乐用品制造业	36	31	4
石油、煤炭及其他燃料加工业	9 015	3 088	4 029
化学原料和化学制品制造业	34 342	21 890	5 741
医药制造业	446	352	74
化学纤维制造业	428	382	44
橡胶和塑料制品业	337	299	35
非金属矿物制品业	10 601	9 225	955
黑色金属冶炼和压延加工业	52 268	45 391	5 314
有色金属冶炼和压延加工业	20 435	5 862	5 475
金属制品业	1 972	1 760	189
通用设备制造业	989	916	71
专用设备制造业	540	484	52
汽车制造业	1 110	944	164
铁路、船舶、航空航天和其他运输设备制造业	468	206	210
电气机械和器材制造业	477	415	63
计算机、通信和其他电子设备制造业	1 112	915	193
仪器仪表制造业	11	8	3
其他制造业	18	16	2
废弃资源综合利用业	1 376	1 205	217
金属制品、机械和设备修理业	66	41	24
电力、热力生产和供应业	74 100	53 673	14 711
燃气生产和供应业	84	67	5
水的生产和供应业	536	438	89

各工业行业危险废物产生及利用处置情况

（2018）

单位：吨

行业名称	危险废物产生量	危险废物利用处置量
行业汇总	**74 699 695**	**67 884 921**
农、林、牧、渔专业及辅助性活动	1 742	1 639
煤炭开采和洗选业	25 155	20 534
石油和天然气开采业	2 237 851	1 752 925
黑色金属矿采选业	10 736	8 822
有色金属矿采选业	5 761 671	4 065 971
非金属矿采选业	1 352	1 158
开采专业及辅助性活动	7 619	7 403
其他采矿业	2	2
农副食品加工业	17 755	16 047
食品制造业	119 111	106 687
酒、饮料和精制茶制造业	2 938	2 251
烟草制品业	2 981	2 781
纺织业	84 949	69 566
纺织服装、服饰业	11 803	10 694
皮革、毛皮、羽毛及其制品和制鞋业	128 663	118 545
木材加工和木、竹、藤、棕、草制品业	17 621	14 439
家具制造业	39 321	36 035
造纸和纸制品业	3 981 739	3 972 278
印刷和记录媒介复制业	74 398	61 523
文教、工美、体育和娱乐用品制造业	23 131	20 141
石油、煤炭及其他燃料加工业	9 684 233	9 461 740
化学原料和化学制品制造业	14 858 518	14 149 554
医药制造业	1 642 317	1 619 886
化学纤维制造业	773 138	766 725
橡胶和塑料制品业	227 286	203 841
非金属矿物制品业	1 148 790	1 047 095
黑色金属冶炼和压延加工业	6 690 295	6 460 163
有色金属冶炼和压延加工业	12 773 255	10 454 608
金属制品业	2 819 616	2 594 748
通用设备制造业	443 196	418 849
专用设备制造业	156 092	142 957
汽车制造业	772 978	731 203
铁路、船舶、航空航天和其他运输设备制造业	148 252	140 070
电气机械和器材制造业	923 030	872 452
计算机、通信和其他电子设备制造业	3 437 910	3 351 930
仪器仪表制造业	9 702	8 400
其他制造业	18 611	16 233
废弃资源综合利用业	480 206	384 590
金属制品、机械和设备修理业	39 881	37 353
电力、热力生产和供应业	5 012 657	4 669 024
燃气生产和供应业	88 896	63 790
水的生产和供应业	300	270

各工业行业污染治理情况（一）
（2018）

行业名称	废水治理设施数量/套	废水治理设施治理能力/（万吨/日）	废水治理设施运行费用/万元
行业汇总	**63 412**	**16 317.0**	**6 691 809.6**
农、林、牧、渔专业及辅助性活动	174	12.4	2 140.0
煤炭开采和洗选业	2 300	1 092.6	155 068.4
石油和天然气开采业	267	354.8	196 991.5
黑色金属矿采选业	190	181.4	19 271.9
有色金属矿采选业	709	500.3	81 272.3
非金属矿采选业	218	62.3	11 904.3
开采专业及辅助性活动	36	7.7	1 872.3
其他采矿业	16	5.1	1 215.9
农副食品加工业	8 619	686.3	228 521.8
食品制造业	2 878	298.3	161 063.1
酒、饮料和精制茶制造业	2 269	324.8	121 605.6
烟草制品业	116	14.5	12 606.4
纺织业	4 623	1 135.5	675 946.3
纺织服装、服饰业	624	61.2	22 581.2
皮革、毛皮、羽毛及其制品和制鞋业	1 025	129.8	72 429.0
木材加工和木、竹、藤、棕、草制品业	312	10.2	4 762.2
家具制造业	291	6.2	2 807.8
造纸和纸制品业	2 185	1 520.7	530 649.9
印刷和记录媒介复制业	451	5.1	5 188.8
文教、工美、体育和娱乐用品制造业	389	8.9	5 779.0
石油、煤炭及其他燃料加工业	854	374.5	593 565.5
化学原料和化学制品制造业	6 912	1 379.4	1 116 900.8
医药制造业	3 503	213.6	319 900.8
化学纤维制造业	345	171.8	112 775.9
橡胶和塑料制品业	940	49.1	25 112.6
非金属矿物制品业	1 963	279.3	48 722.4
黑色金属冶炼和压延加工业	1 531	5 544.5	750 087.7
有色金属冶炼和压延加工业	1 449	195.8	176 692.9
金属制品业	6 045	291.8	282 080.1
通用设备制造业	1 327	40.0	33 751.4
专用设备制造业	776	21.0	19 566.4
汽车制造业	2 204	90.4	118 181.2
铁路、船舶、航空航天和其他运输设备制造业	767	48.7	20 604.7
电气机械和器材制造业	1 422	97.1	83 499.2
计算机、通信和其他电子设备制造业	3 062	402.7	469 867.7
仪器仪表制造业	191	6.2	6 260.0
其他制造业	597	20.3	17 557.6
废弃资源综合利用业	258	13.0	18 598.5
金属制品、机械和设备修理业	151	4.6	3 260.7
电力、热力生产和供应业	1 404	638.1	155 882.4
燃气生产和供应业	19	16.5	5 263.4
水的生产和供应业	—	—	—

注：因调查口径原因，水的生产和供应业无数据。

各工业行业污染治理情况（二）
（2018）

行业名称	废气治理设施数量	脱硫设施	脱硝设施	除尘设施	VOCs治理设施	废气治理设施运行费用/万元
行业汇总	**246 558**	**41 741**	**21 815**	**129 907**	**53 095**	**21 728 171.1**
农、林、牧、渔专业及辅助性活动	591	131	17	418	25	6 536.9
煤炭开采和洗选业	4 348	1 579	340	2 425	4	81 750.1
石油和天然气开采业	188	82	12	91	3	15 891.3
黑色金属矿采选业	667	78	14	575	0	30 266.6
有色金属矿采选业	925	118	22	785	0	20 853.0
非金属矿采选业	906	146	39	716	5	29 808.9
开采专业及辅助性活动	65	21	5	38	1	453.8
其他采矿业	49	13	7	28	1	609.6
农副食品加工业	7 349	1 490	633	4 990	236	160 036.9
食品制造业	2 852	776	326	1 624	126	96 699.7
酒、饮料和精制茶制造业	1 819	552	169	1 032	66	53 457.3
烟草制品业	553	50	15	472	16	22 748.8
纺织业	7 958	1 333	616	2 780	3 229	262 166.3
纺织服装、服饰业	624	134	43	375	72	7 746.4
皮革、毛皮、羽毛及其制品和制鞋业	1 802	191	49	485	1 077	23 790.6
木材加工和木、竹、藤、棕、草制品业	4 828	261	113	3 079	1 375	79 719.7
家具制造业	5 131	69	38	2 053	2 971	52 133.8
造纸和纸制品业	4 598	1 264	686	2 078	570	266 670.6
印刷和记录媒介复制业	3 378	79	30	249	3 020	54 470.1
文教、工美、体育和娱乐用品制造业	1 360	24	15	500	821	13 802.2
石油、煤炭及其他燃料加工业	4 719	1 191	750	1 901	877	1 370 021.0
化学原料和化学制品制造业	26 031	4 100	2 353	11 056	8 522	1 629 104.1
医药制造业	4 986	646	318	1 778	2 244	159 829.6
化学纤维制造业	1 394	267	191	418	518	96 895.1
橡胶和塑料制品业	11 318	645	251	3 278	7 144	219 998.6
非金属矿物制品业	57 701	11 919	4 962	39 383	1 437	2 183 432.6
黑色金属冶炼和压延加工业	10 465	1 444	433	8 441	147	4 949 989.3
有色金属冶炼和压延加工业	7 281	1 655	446	4 846	334	1 007 413.2
金属制品业	12 590	661	418	7 835	3 676	286 393.4
通用设备制造业	5 240	144	81	3 002	2 013	73 149.9
专用设备制造业	3 268	76	68	1 649	1 475	61 400.6
汽车制造业	6 815	112	121	3 313	3 269	407 795.1
铁路、船舶、航空航天和其他运输设备制造业	2 575	76	52	1 245	1 202	76 454.0
电气机械和器材制造业	4 599	115	108	2 066	2 310	134 497.4
计算机、通信和其他电子设备制造业	4 795	123	236	1 600	2 836	248 333.0
仪器仪表制造业	353	6	9	112	226	4 256.5
其他制造业	1 742	176	64	834	668	38 895.0
废弃资源综合利用业	1 408	246	80	885	197	48 600.0
金属制品、机械和设备修理业	307	14	1	93	199	7 540.2
电力、热力生产和供应业	28 834	9 700	7 656	11 305	173	7 434 476.7
燃气生产和供应业	146	34	28	74	10	10 083.3
水的生产和供应业	—	—	—	—	—	—

注：因调查口径原因，水的生产和供应业无数据。

11

各地区生态环境管理统计

各地区环境信访情况

（2018）

单位：件

地区名称	电话举报数量	微信举报数量	网上举报数量	来信、来访已办结数量
总　计	**365 361**	**250 072**	**80 766**	**226 902**
国家级	—	3	2	7 893
北　京	26 449	4 875	1 528	4 273
天　津	6 116	3 420	1 732	530
河　北	13 720	13 167	6 057	4 950
山　西	8 083	6 685	2 154	22 108
内蒙古	1 527	2 163	889	1 484
辽　宁	29 892	12 138	2 515	4 573
吉　林	2 143	5 637	1 219	2 007
黑龙江	6 323	3 858	1 015	6 441
上　海	31 412	9 264	2 433	1 749
江　苏	67 591	13 937	6 617	8 626
浙　江	3 533	10 145	3 892	3 459
安　徽	6 691	7 997	5 068	3 499
福　建	14 011	9 896	2 853	6 171
江　西	1 026	7 520	2 327	15 826
山　东	21 347	13 405	8 119	7 066
河　南	22 757	19 729	6 383	11 407
湖　北	6 708	7 766	2 552	9 965
湖　南	2 885	6 913	2 347	13 763
广　东	2 656	50 975	9 576	40 074
广　西	8 528	8 188	1 748	11 835
海　南	16 625	997	358	1 976
重　庆	50 496	3 928	989	2 336
四　川	6 019	8 784	3 070	2 537
贵　州	302	2 488	561	5 295
云　南	1 456	4 010	995	7 192
西　藏	3	0	34	226
陕　西	1 436	6 518	2 178	11 084
甘　肃	1 361	2 292	766	4 052
青　海	73	343	133	332
宁　夏	1 124	1 178	296	994
新　疆	3 068	1 853	360	3 179

各地区承办的人大建议和政协提案情况

（2018）

单位：件

地区名称	承办的人大建议数量	承办的政协提案数量
总　计	**6 814**	**7 665**
国家级	506	291
北　京	45	76
天　津	106	96
河　北	227	287
山　西	293	245
内蒙古	16	21
辽　宁	284	274
吉　林	41	58
黑龙江	99	88
上　海	94	102
江　苏	99	156
浙　江	485	477
安　徽	256	364
福　建	136	156
江　西	175	227
山　东	287	465
河　南	460	550
湖　北	464	572
湖　南	449	426
广　东	522	617
广　西	191	228
海　南	42	70
重　庆	237	297
四　川	416	486
贵　州	141	155
云　南	263	295
西　藏	81	61
陕　西	159	222
甘　肃	58	81
青　海	61	67
宁　夏	26	87
新　疆	95	68

各地区环境法制情况

（2018）

单位：件

地区名称	当年受理行政复议案件数量	当年颁布地方性环保法规数量	当年废止地方性环保法规数量	现行有效的地方性环保法规总数量	当年颁布地方性环保规章数量	现行有效的地方性环保规章总数
总　计	**1 360**	**125**	**31**	**556**	**50**	**264**
国家级	—	—	—	—	—	—
北　京	14	0	0	2	0	1
天　津	45	1	0	4	0	6
河　北	26	3	3	14	0	6
山　西	23	7	4	22	3	7
内蒙古	19	5	4	20	1	7
辽　宁	36	3	1	26	1	15
吉　林	27	1	2	28	1	7
黑龙江	11	0	0	14	1	7
上　海	38	3	0	3	8	8
江　苏	143	0	0	31	2	27
浙　江	27	0	0	39	0	13
安　徽	43	5	0	21	6	13
福　建	63	5	0	16	0	8
江　西	15	1	3	6	0	0
山　东	0	17	5	30	1	7
河　南	73	2	0	18	2	7
湖　北	82	6	4	20	8	32
湖　南	71	3	0	16	0	4
广　东	291	27	2	58	7	13
广　西	29	5	0	12	0	3
海　南	13	1	0	24	0	9
重　庆	144	3	0	6	0	1
四　川	55	8	0	24	2	10
贵　州	6	0	0	5	0	2
云　南	11	6	0	27	1	13
西　藏	0	2	1	6	3	3
陕　西	11	0	0	16	0	2
甘　肃	25	4	0	12	2	16
青　海	3	1	1	4	0	3
宁　夏	15	4	0	13	1	6
新　疆	1	2	1	19	0	8

各地区环境科技与标准情况

（2018）

地区名称	当年发布的地方环境保护标准数量/项	当年全国开展强制性清洁生产审核评估企业数量/家
总　计	**100**	**5 547**
国家级	—	—
北　京	5	38
天　津	6	40
河　北	8	582
山　西	3	222
内蒙古	1	41
辽　宁	8	137
吉　林	5	22
黑龙江	6	27
上　海	3	155
江　苏	—	846
浙　江	5	352
安　徽	—	139
福　建	7	116
江　西	3	108
山　东	20	314
河　南	1	305
湖　北	—	142
湖　南	5	87
广　东	1	1 202
广　西	3	58
海　南	1	16
重　庆	2	33
四　川	—	216
贵　州	—	106
云　南	—	11
西　藏	—	0
陕　西	6	80
甘　肃	—	118
青　海	—	13
宁　夏	—	9
新　疆	1	12

各地区环境影响评价情况

（2018）

地区名称	当年审批和备案的建设项目投资总额/万元	当年审批和备案的建设项目环保投资总额/万元	当年建设项目环境影响评价文件审批数量/项	当年建设项目环境影响登记表备案数量/项
总　计	**2 681 261 618.2**	**92 964 454.5**	**221 222**	**969 819**
国家级	52 980 400.0	1 748 000.0	54	0
北　京	41 991 952.0	649 404.5	1 102	22 404
天　津	2 121 8981.2	503 795.1	1 770	7 717
河　北	82 103 738.9	2 083 891.8	11 785	52 220
山　西	49 140 646.4	1 796 431.7	5 215	17 929
内蒙古	44 127 315.4	2 733 436.5	2 843	16 525
辽　宁	40 570 481.4	1 500 216.1	3 948	13 222
吉　林	29 810 528.6	785 719.3	2 935	7 231
黑龙江	16 886 333.5	725 344.9	2 714	8 832
上　海	55 438 189.7	1 109 144.7	4 199	40 325
江　苏	296 058 450.9	21 315 924.7	19 116	58 658
浙　江	181 799 122.1	3 354 495.8	15 077	46 006
安　徽	119 534 671.7	3 776 867.2	9 056	51 570
福　建	79 398 655.6	1 525 106.7	5 667	15 304
江　西	100 657 817.3	2 405 685.9	5 852	18 264
山　东	226 459 653.2	9 271 655.9	31 549	146 297
河　南	134 640 200.7	2 365 814.0	11 748	31 639
湖　北	95 962 513.5	2 544 833.6	4 630	46 514
湖　南	68 905 526.9	1 794 591.5	5 958	17 837
广　东	235 368 846.3	12 661 424.8	31 865	94 454
广　西	83 759 569.4	4 660 578.4	4 356	10 064
海　南	12 663 650.0	254 563.6	629	6 047
重　庆	62 974 447.5	912 062.3	3 658	30 681
四　川	175 505 443.7	2 656 808.9	11 540	62 236
贵　州	107 572 420.0	2 320 620.2	5 330	13 739
云　南	61 596 195.7	1 633 853.7	3 444	33 441
西　藏	10 588 440.6	160 097.5	1 119	11 986
陕　西	71 473 307.0	1 693 218.7	4 531	39 101
甘　肃	31 830 965.5	653 198.0	2 766	18 555
青　海	15 304 964.5	297 238.5	883	4 128
宁　夏	19 398 432.1	749 508.0	1 227	6 220
新　疆	55 539 756.9	2 320 922.0	4 656	20 673

各地区环境监测情况（一）

（2018）

地区名称	环境监测部门/机构数量/个	环境监测管理部门	环境监测中心（站）机构	环境监测人员数量/人	环境监测管理部门人员	环境监测中心（站）人员
总　计	**3 494**	**858**	**2 636**	**59 431**	**4 077**	**55 354**
国家级	2	1	1	231	17	214
北　京	25	2	23	705	3	702
天　津	18	1	17	597	5	592
河　北	240	61	179	3 915	274	3 641
山　西	168	54	114	3 475	351	3 124
内蒙古	144	31	113	2 168	120	2 048
辽　宁	119	37	82	2 153	369	1 784
吉　林	63	3	60	1 351	8	1 343
黑龙江	119	6	113	1 558	12	1 546
上　海	21	4	17	1 053	20	1 033
江　苏	31	6	25	683	59	624
浙　江	119	32	87	2 506	63	2 443
安　徽	118	25	93	1 648	104	1 544
福　建	104	11	93	1 770	33	1 737
江　西	150	41	109	1 335	139	1 196
山　东	173	17	156	4 007	34	3 973
河　南	212	78	134	4 844	407	4 437
湖　北	126	26	100	2 190	142	2 048
湖　南	161	46	115	2 874	317	2 557
广　东	162	42	120	3 497	136	3 361
广　西	107	21	86	1 856	332	1 524
海　南	33	12	21	528	43	485
重　庆	63	22	41	1 202	65	1 137
四　川	270	76	194	4 762	282	4 480
贵　州	99	1	98	1 233	4	1 229
云　南	188	35	153	2 307	107	2 200
西　藏	44	17	27	189	34	155
陕　西	118	37	81	1 382	93	1 289
甘　肃	173	86	87	1 578	364	1 214
青　海	15	1	14	338	4	334
宁　夏	13	1	12	339	13	326
新　疆	96	25	71	1 157	123	1 034

各地区环境监测情况（二）

（2018）

地区名称	监测用房面积/米^2	监测业务经费/万元	环境监测—监测仪器设备数量/台（套）	环境监测—监测仪器设备原值总值/万元	环境空气监测点位数量/个	国控监测点位	酸雨监测点位数量/个	沙尘天气影响环境质量监测点位数量/个
总　计	**3 170 602.3**	**1 997 444.5**	**389 313.0**	**3 965 510.2**	**8 688**	**1 436**	**763**	**143**
国家级	14 954.0	109 917.8	20 323.0	173 338.3	—	—	—	—
北　京	28 990.4	35 674.1	9 004.0	85 472.3	35	12	0	0
天　津	26 400.5	14 294.1	4 384.0	45 516.5	26	15	9	1
河　北	155 882.3	104 035.8	17 058.0	127 376.7	550	53	0	0
山　西	93 844.6	22 137.0	15 131.0	60 941.9	349	58	27	2
内蒙古	157 358.2	33 253.8	14 913.0	307 240.6	136	44	24	20
辽　宁	102 901.3	29 792.9	19 165.0	113 745.2	167	77	60	9
吉　林	62 736.7	23 850.6	7 791.0	52 048.2	134	33	22	5
黑龙江	68 396.7	119 833.9	7 672.0	354 557.1	103	57	34	0
上　海	84 576.1	62 426.7	8 701.0	125 856.7	107	10	21	0
江　苏	80 365.0	22 928.7	10 726.0	40 061.4	234	72	111	72
浙　江	134 668.2	94 077.3	19 673.0	219 822.4	216	47	69	0
安　徽	102 291.1	43 375.6	9 865.0	77 456.4	183	68	0	0
福　建	98 113.0	40 244.5	12 773.0	98 364.5	193	37	47	0
江　西	119 444.1	155 347.0	10 279.0	563 583.4	120	60	23	0
山　东	143 836.5	118 019.1	20 208.0	117 727.0	1713	74	0	0
河　南	139 485.0	110 543.9	19 807.0	138 233.9	2141	75	50	1
湖　北	111 589.1	43 459.0	13 506.0	93 587.8	150	51	45	0
湖　南	141 994.1	101 671.1	16 068.0	67 294.1	188	78	36	0
广　东	214 507.9	139 629.4	27 477.0	220 143.7	412	102	22	0
广　西	111 217.8	220 096.7	11 450.0	163 462.3	123	50	0	0
海　南	23 362.3	15 081.5	3 903.0	40 732.9	89	7	28	0
重　庆	87 833.4	47 768.7	14 044.0	79 432.7	93	17	0	0
四　川	248 184.0	86 269.5	28 976.0	195 893.7	291	94	0	0
贵　州	135 119.8	23 365.7	2 862.0	39 446.3	127	33	21	0
云　南	157 852.9	30 599.7	15 232.0	63 911.5	162	40	35	0
西　藏	11 146.4	8 790.6	1 535.0	6 747.8	25	18	3	0
陕　西	59 554.0	78 426.5	6 051.0	41 631.1	205	50	0	0
甘　肃	63 590.9	20 828.4	8 064.0	64 715.4	151	33	30	9
青　海	29 520.4	8 722.8	2 827.0	22 605.2	65	11	5	3
宁　夏	15 773.8	11 108.4	2 176.0	29 273.1	45	19	10	5
新　疆	145 112.0	21 873.8	7 669.0	135 290.0	155	41	31	16

各地区环境监测情况（三）

（2018）

单位：个

地区名称	地表水水质监测断面（点位）数量	国控断面	集中式饮用水水源地监测点位	地表水监测点位	地下水监测点位	近岸海域监测点位数量
总　计	**10 743**	**2 629**	**5 613**	**3 617**	**2 044**	**789**
北　京	292	28	29	2	27	0
天　津	129	27	10	6	4	28
河　北	391	99	170	56	114	33
山　西	262	71	560	89	471	0
内蒙古	131	72	126	15	111	0
辽　宁	121	110	53	21	32	204
吉　林	207	95	129	72	57	0
黑龙江	133	116	103	35	68	0
上　海	847	27	5	5	0	16
江　苏	398	148	128	116	12	78
浙　江	1 207	144	120	116	4	88
安　徽	492	113	113	86	27	0
福　建	231	71	122	115	7	90
江　西	300	100	143	141	2	0
山　东	681	135	252	141	111	150
河　南	169	131	168	54	114	0
湖　北	727	137	118	118	0	0
湖　南	345	69	138	132	6	0
广　东	783	207	202	181	26	0
广　西	118	52	38	30	8	12
海　南	142	36	165	84	81	90
重　庆	472	87	1045	871	222	0
四　川	549	96	994	737	257	0
贵　州	176	65	23	21	2	0
云　南	629	138	214	208	6	0
西　藏	46	22	20	4	16	0
陕　西	253	46	76	38	33	0
甘　肃	108	38	128	61	67	0
青　海	71	19	58	25	33	0
宁　夏	62	16	41	9	32	0
新　疆	271	114	122	28	94	0

各地区环境监测情况（四）
（2018）

地区名称	开展环境噪声监测的监测点位数量/个	区域环境噪声监测点位	道路交通噪声监测点位	功能区环境噪声检测点位	开展污染源监督性监测的重点企业数量/家
总　计	**79 736**	**55 904**	**21 094**	**2 738**	**40 272**
北　京	712	185	523	4	439
天　津	564	340	204	20	1 064
河　北	3 499	2 148	1 260	91	3 234
山　西	3 062	2 365	617	80	1 034
内蒙古	3 514	2 387	1 066	61	647
辽　宁	4 348	3 208	1 067	73	1 209
吉　林	1 718	1 033	575	110	329
黑龙江	3 599	2 550	942	107	467
上　海	498	249	195	54	1 590
江　苏	3 845	2 436	1 232	177	4 159
浙　江	3 080	2 061	876	143	4 897
安　徽	3 205	2 258	805	142	861
福　建	1 678	1 131	474	73	833
江　西	2 136	1 410	602	124	1 251
山　东	5 016	3 655	1 192	169	4 234
河　南	4 346	3 362	903	81	1 146
湖　北	2 840	2 000	750	90	1 193
湖　南	3 000	1 963	892	145	1 036
广　东	6 415	3 953	2 256	206	3 443
广　西	2 235	1 697	498	40	926
海　南	589	423	153	13	229
重　庆	658	491	145	22	844
四　川	4 772	3 843	763	166	1 707
贵　州	1 562	1 152	368	42	500
云　南	3 354	2 568	663	123	902
西　藏	231	195	32	4	22
陕　西	2 205	1 709	422	74	577
甘　肃	2 460	1 757	588	115	531
青　海	264	224	35	5	191
宁　夏	1 032	754	241	37	241
新　疆	3 299	2 397	755	147	536

各地区辐射环境监测情况

（2018）

地区 名称	辐射环境监测业务 经费/万元	辐射环境监测用房 面积/米 ^{2}	辐射环境监测仪器设备 原值总值/万元	辐射环境监测仪器 设备数量/台（套）
总　计	**291 637**	**116 504**	**13 715 595**	**13 599**
北　京	2 807	718	8 407	381
天　津	1 072	1 510	1 811	129
河　北	544	2 821	6 391	218
山　西	2 040	2 472	12 289	412
内蒙古	2 578	3 085	7 002	386
辽　宁	698	2 636	2 226	264
吉　林	1 409	2 547	637 505	291
黑龙江	427	886	1 878	98
上　海	3 828	3 202	5 693	609
江　苏	2 524	2 855	9 321	1 123
浙　江	7 621	8 919	12 491	1 257
安　徽	279	3 637	3 287	211
福　建	3 579	8 415	12 190 736	581
江　西	552	3 370	3 484	265
山　东	5 724	3 412	25 894	717
河　南	228 421	1 872	5 956	336
湖　北	1 767	3 881	2 694	384
湖　南	3 574	1 600	722 966	240
广　东	6 958	16 083	7 223	828
广　西	543	7 870	7 106	655
海　南	2 167	4 630	4 473	415
重　庆	3 361	8 122	3 596	595
四　川	3 477	6 600	12 050	642
贵　州	202	1 815	2 168	362
云　南	1 610	2 159	3 959	776
西　藏	532	1 240	850	43
陕　西	260	866	3 631	306
甘　肃	478	3 479	3 538	461
青　海	601	1 566	3 627	302
宁　夏	989	1 543	1 155	176
新　疆	1 017	2 693	2 190	136

各地区环境监察执法情况（一）

（2018）

地区名称	已实施自动监控的重点排污单位数/家	已实施自动监控的重点排污单位中排放口数量/个		已实施自动监控的重点排污单位中监控设备与生态环境部门稳定联网数量/家				
		水排放口	气排放口	COD监控设备与生态环境部门稳定联网	NH_3-N监控设备与生态环境部门稳定联网	SO_2监控设备与生态环境部门稳定联网	NOx监控设备与生态环境部门稳定联网	烟尘监控设备与生态环境部门稳定联网
总计	**19 967**	**13 886**	**19 978**	**13 727**	**12 665**	**15 422**	**15 024**	**18 957**
北京	182	145	273	143	143	60	245	76
天津	246	177	342	177	177	155	275	217
河北	1 333	912	2 287	909	791	1 346	1 387	2 180
山西	624	229	1 378	229	227	1 009	868	1 347
内蒙古	465	224	747	224	204	655	590	739
辽宁	942	470	1 157	465	463	971	925	1 127
吉林	317	201	460	201	199	394	395	455
黑龙江	264	157	278	157	151	255	248	276
上海	260	258	142	258	188	116	127	127
江苏	1 098	824	941	824	716	821	820	915
浙江	1 842	1 622	620	1 568	1 474	529	538	580
安徽	726	568	583	566	488	472	447	563
福建	521	403	408	398	353	302	307	394
江西	505	405	271	405	368	211	203	270
山东	2 229	1 419	2 690	1 417	1 370	2 246	2 079	2 585
河南	1 217	782	1 398	766	701	1 108	1 088	1 388
湖北	686	508	436	498	428	341	311	413
湖南	422	303	300	284	263	264	245	288
广东	1 948	1 598	973	1 580	1 508	879	891	911
广西	415	306	453	301	269	263	314	448
海南	173	126	119	126	121	83	79	90
重庆	375	300	223	298	282	174	170	215
四川	976	717	734	711	582	555	501	682
贵州	376	235	397	229	225	289	264	383
云南	429	263	450	263	261	302	268	441
陕西	456	258	537	257	251	441	445	485
甘肃	265	149	374	147	146	304	246	363
青海	86	47	110	47	45	94	63	110
宁夏	141	83	210	83	82	182	171	209
新疆	448	197	687	196	189	601	514	680

各地区环境监察执法情况（二）

（2018）

地区名称	纳入日常监管随机抽查信息库的污染源数量/家	日常监管随机抽查污染源数量/家	下达处罚决定书数/件	罚没额数额/万元
总　计	**757 557**	**670 995**	**186 308**	**1 527 856.2**
北　京	51 378	8 574	4 929	22 956.2
天　津	31 720	3 524	4 129	23 994.8
河　北	41 115	43 929	20 963	137 011.6
山　西	25 834	27 914	6 908	67 480.4
内蒙古	5 698	6 674	3 912	49 380.4
辽　宁	21 602	15 714	3 142	31 893.3
吉　林	31 030	10 887	2 318	19 174.9
黑龙江	14 348	35 936	1 316	19 711.3
上　海	42 458	6 550	3 047	52 969.1
江　苏	99 806	86 782	18 919	211 575.0
浙　江	49 064	47 517	11 862	107 905.2
安　徽	18 912	20 798	4 423	31 295.8
福　建	20 794	12 412	4 465	28 850.8
江　西	10 137	5 114	2 677	23 094.3
山　东	38 824	80 941	18 591	113 880.9
河　南	30 610	39 607	11 187	55 746.6
湖　北	30 022	14 372	3 977	35 932.3
湖　南	28 715	23 640	4 378	32 399.2
广　东	55 938	29 092	21 696	172 315.2
广　西	10 898	10 400	2 698	23 542.8
海　南	1 424	1 338	1 103	18 418.5
重　庆	15 847	3 056	5 519	36 630.8
四　川	28 580	24 595	7 895	69 151.2
贵　州	10 340	10 171	2 245	25 742.1
云　南	14 460	23 240	2 334	33 423.7
西　藏	9 010	13 803	413	4 624.0
陕　西	6 769	10 359	5 823	32 291.7
甘　肃	1 688	32 911	1 348	12 183.6
青　海	1 181	1 337	261	1 962.7
宁　夏	971	5 530	1 022	8 955.4
新　疆	8 384	14 278	2 808	23 362.5

各地区环境监察执法情况（三）

（2018）

地区名称	举办环境执法岗位培训班期数量/期	环境执法岗位培训人数/人	举办其他环境执法业务培训期数量/期	环境执法其他业务培训人数/人
总　计	**78**	**14 774**	**5 209**	**121 383**
国家级	7	799	7	693
北　京	3	167	72	1 494
天　津	0	0	0	0
河　北	10	1 000	563	14 530
山　西	2	280	207	4 221
内蒙古	1	130	161	3 168
辽　宁	1	3 000	95	1 894
吉　林	1	2 200	214	2 953
黑龙江	3	480	164	1 354
上　海	0	0	90	1 171
江　苏	0	0	58	496
浙　江	9	881	307	10 698
安　徽	3	530	137	3 399
福　建	5	392	120	5 452
江　西	2	299	162	2 539
山　东	0	0	186	4 857
河　南	2	1 360	509	20 812
湖　北	9	911	328	5 728
湖　南	0	0	191	2 437
广　东	0	0	190	6 543
广　西	1	148	232	3 570
海　南	1	0	32	520
重　庆	2	276	108	2 461
四　川	4	687	398	9 887
贵　州	0	0	18	26
云　南	2	280	80	1 004
西　藏	0	0	8	154
陕　西	1	210	245	3 979
甘　肃	2	219	147	1 557
青　海	1	5	28	395
宁　夏	1	180	52	955
新　疆	5	340	100	2 436

各地区环境应急情况

（2018）

单位：次

地区名称	突发环境事件次数	特别重大环境事件次数	重大环境事件次数	较大环境事件次数	一般环境事件次数
总　计	**286**	**0**	**2**	**6**	**278**
北　京	29	0	0	0	29
天　津	2	0	0	0	2
河　北	6	0	0	0	6
山　西	12	0	0	0	12
内蒙古	1	0	0	0	1
辽　宁	10	0	0	0	10
吉　林	4	0	0	0	4
黑龙江	0	0	0	0	0
上　海	1	0	0	0	1
江　苏	5	0	0	0	5
浙　江	11	0	0	0	11
安　徽	4	0	0	0	4
福　建	11	0	0	1	10
江　西	4	0	0	1	3
山　东	1	0	0	0	1
河　南	12	0	0	1	11
湖　北	17	0	0	1	16
湖　南	16	0	0	0	16
广　东	37	0	0	0	37
广　西	10	0	0	0	10
海　南	1	0	0	0	1
重　庆	7	0	0	0	7
四　川	20	0	0	1	19
贵　州	8	0	0	1	7
云　南	0	0	0	0	0
西　藏	0	0	0	0	0
陕　西	27	0	0	0	27
甘　肃	5	0	1	0	4
青　海	1	0	0	0	1
宁　夏	23	0	1	0	22
新　疆	1	0	0	0	1

12

主要生态环境统计指标解释

12.1 工业企业污染排放及处理利用情况

取水量指调查年度企业厂区内用于工业生产活动的水量中从外部取水的量。根据《工业企业产品取水定额编制通则》（GB/T 18820—2002），工业生产的取水量，包括取自地表水（以净水厂供水计量）、地下水、城镇供水工程，以及企业从市场购得的其他水（如其他企业回用水量）或水的产品（如蒸汽、热水、地热水等）的水量。其中，工业生产包括主要生产、辅助生产和附属生产。

工业生产的用水量包括主要生产用水、辅助生产（包括机修、运输、空压站等）用水和附属生产用水（包括绿化、食堂、厕所、保健站等）；不包括非工业生产单位的用水（如基建用水、厂内居民家庭用水和企业附属幼儿园、学校、对外营业的浴室、游泳池等的用水量）和居民生活用水量。

煤炭消耗量指调查年度企业所用煤炭的总消耗量。

燃料煤消耗量指调查年度企业厂区内用作燃料的煤炭消耗量（实物量），包括企业厂区内生产、生活用燃料煤，也包括砖瓦、石灰等产品生产用的内燃煤，不包括在生产工艺中用作原料并能转换成新的产品实体的煤炭消耗量。例如转换为水泥、焦炭、煤气、碳素、活性炭、氮肥的煤炭。

燃料油消耗量（不含车船用）指调查年度企业用作燃料的原油、汽油、柴油、煤油等各种油料总消耗量，不包括车船交通用油量。

焦炭消耗量指调查年度企业消耗的焦炭总量。

天然气消耗量指调查年度企业用作燃料的天然气消耗量。

工业锅炉数量指调查年度企业厂区内用于生产和生活的大于1蒸吨（含1蒸吨）的蒸汽锅炉、热水锅炉总台数和总蒸吨数，包括燃煤、燃油、燃气的锅炉，不包括茶炉。

其中，

20蒸吨以上的指调查年度企业厂区内用于生产和生活的大于20蒸吨的蒸汽锅炉、热水锅炉总台数和总蒸吨数。

安装脱硫设施的指调查年度企业厂区内用于生产和生活的大于20蒸吨的蒸汽锅炉、热水锅炉中安装了脱硫设施的总台数和总蒸吨数。

10～20（含）蒸吨的指调查年度企业厂区内用于生产和生活的大于10蒸吨小于20蒸吨（含20蒸吨）的蒸汽锅炉、热水锅炉总台数和总蒸吨数。

10（含）蒸吨以下的指调查年度企业厂区内用于生产和生活的小于10蒸吨（含10蒸吨）的蒸汽锅炉、热水锅炉总台数和总蒸吨数。

工业炉窑数量指调查年度企业生产用的炉窑总数，如炼铁高炉、炼钢炉、冲天炉、烘干炉窑、锻造加热炉、水泥窑、石灰窑等。

工业废水排放量指调查年度经过企业厂区所有排放口排到企业外部的工业废水量。包括生产废水、外排的直接冷却水、废气治理设施废水、超标排放的矿井地下水和与工业废水混排的厂区生活污水，不包括独立外排的间接冷却水（清浊不分流的间接冷却水应计算在内）。

直接冷却水指在生产过程中，为满足工艺过程需要，使产品或半成品冷却所用与之直接接触的冷却水（包括调温、调湿使用的直流喷雾水）。

间接冷却水指在工业生产过程中，为保证生产设备能在正常温度下工作，用来吸收或转移生产设备的多余热量，所使用的冷却水（此冷却用水与被冷却介质之间由热交换器壁或设备隔开）。

直接排入环境的指废水经过工厂的排污口或经过下水道直接排入环境中，包括排入海、河流、湖泊、水库、蒸发地、渗坑以及农田等。对应的排水去向代码为 A、B、C、D、F、G、K。

排入污水处理厂的指企业产生的废水直接或间接经市政管网排入污水处理厂的废水量，包括排入城镇污水处理厂、工业废水集中处理厂以及其他单位的污水治理设施的废水量。对应的排水去向代码为 E、L、H。

工业废水处理量指经各种水治理设施（含城镇污水处理厂、工业废水处理厂）实际处理的工业废水量，包括处理后外排的和处理后回用的工业废水量。虽经处理但未达到国家或地方排放标准的废水量也应计算在内。计算时，如遇有车间和厂排放口均有治理设施，并对同一废水分级处理时，不应重复计算工业废水处理量。

工业废水中污染物产生量指调查年度调查对象生产过程中产生的未经过处理的废水中所含的化学需氧量、氨氮、总氮、总磷、石油类、挥发酚、氰化物等污染物和砷、铅、汞、镉、六价铬、总铬等重金属本身的纯质量。它可采用产排污系数根据生产的产品产量或原辅料用量计算求得，也可以通过工业废水产生量和其中污染物的浓度相乘求得，计算公式为

污染物产生量（纯质量）= 工业废水产生量×废水治理设施入口污染物的平均浓度（无治理设施可使用排口浓度）

计算砷、铅、汞、镉、六价铬、总铬等重金属污染物时，上述计算公式中“工业废水产生量”为产生重金属废水的车间年实际产生的废水量，“废水治理设施入口污染物的平均浓度”为该车间废水治理设施入口的年实际加权平均浓度，如没有设施则为车间排口的年实际加权平均浓度。

工业废水中污染物排放量指调查年度企业排放的工业废水中所含化学需氧量、氨氮、总氮、总磷、石油类、挥发酚、氰化物等污染物和砷、铅、汞、镉、六价铬等重金属本身的纯质量。它可采用产排污系数根据生产的产品产量或原辅料用量计算求得，也可以通过工业废水排放量和其中污染物的浓度相乘求得，计算公式为

污染物排放量（纯质量）=工业废水排放量×排放口污染物的平均浓度

（1）如企业排出的工业废水经城镇污水处理厂或工业废水处理厂集中处理的，计算化学需氧量、氨氮、总氮、总磷、石油类、挥发酚、氰化物等污染物时，上述计算公式中“排放口污染物的平均浓度”即为污水处理厂排放口的年实际加权平均浓度。如果厂界排放浓度低于污水处理厂的排放浓度，以污水处理厂的排放浓度为准。

(2) 计算砷、铅、汞、镉、六价铬等重金属污染物时，上述计算公式中“工业废水排放量”为车间排放口的年实际废水量，“排放口污染物的平均浓度”为车间排放口的年实际加权平均浓度。

工业废气排放量指调查年度企业厂区内排入空气中含有污染物的气体的总量，以标准状态（273开尔文，101 325帕斯卡）计。

废气污染物产生量指调查年度调查对象相应生产线生产过程中产生的未经过处理的废气中所含的污染物的质量。如二氧化硫、氮氧化物、颗粒物、挥发性有机物。

颗粒物产生量指生产过程中产生的未经过处理的废气中所含的烟尘及工业粉尘的总质量。烟尘是指通过燃烧煤、石煤、柴油、木柴、天然气等产生的烟气中的尘粒。通过有组织排放的，俗称烟道尘。工业粉尘指在生产工艺过程中排放的能在空气中悬浮一定时间的固体颗粒。如钢铁企业耐火材料粉尘、焦化企业的筛焦系统粉尘、烧结机的粉尘、石灰窑的粉尘、建材企业的水泥粉尘等。

废气污染物排放量指调查年度调查对象在生产过程中排入大气的废气污染物的质量，包括有组织排放量和无组织排放量。

废水治理设施数量指调查年度企业用于防治水污染和经处理后综合利用水资源的实有设施（包括构筑物）数，以一个废水治理系统为单位统计。附属于设施内的水治理设备和配套设备不单独计算。备用的、调查年度未运行的、已经报废的设施不统计在内。

只填报企业内部的废水治理设施，工业废水排入的城镇污水处理厂、集中工业废水处理厂不能算作企业的废水治理设施。企业内的废水治理设施包括一级、二级和三级处理的设施，如企业有2个排污口，1个排污口为一级处理（隔油池、化粪池、沉淀池等），另1个排污口为二级处理（如生化处理），则该企业有2套废水治理设施；若该企业只有1个排污口，经由该排污口的废水先经过一级处理，再经二级（甚至三级）处理后外排，则该企业视为1套废水治理设施。即针对同一股废水的所有水治理设备均视为1套治理设施，针对不同废水的水治理设备可视为多套治理设施。

废水治理设施处理能力指调查年度企业内部的所有废水治理设施具有的废水处理能力。

废水治理设施运行费用指调查年度企业维持废水治理设施运行所发生的费用。包括能源消耗、设备维修、人员工资、管理费、药剂费及与设施运行有关的其他费用等。

废气治理设施数量指调查年度企业用于减少排向大气的污染物或对污染物加以回收利用的废气治理设施总数，以一个废气治理系统为单位统计。包括除尘、脱硫、脱硝及其他的污染物的烟气治理设施。备用的、调查年度未运行的、已报废的设施不统计在内。

废气治理设施处理能力指调查年度企业废气治理设施的处理能力。

废气治理设施运行费用指调查年度维持废气治理设施运行所发生的费用。包括能源消耗、设备折旧、设备维修、人员工资、管理费、药剂费及与设施运行有关的其他费用等。

一般工业固体废物产生量指当年全年调查对象实际产生的一般工业固体废物的量。一般工业固体废物指企业在工业生产过程中产生且不属于危险废物的工业固体废物。根据其性质分为两种：

(1) 第Ⅰ类一般工业固体废物：按照HJ 557规定方法获得的浸出液中任何一种特征污染物浓度

均未超过 GB 8978 最高允许排放浓度（第二类污染物最高允许排放浓度按照一级标准执行），且 pH 在 6～9 的一般工业固体废物；

（2）第Ⅱ类一般工业固体废物：按照 HJ 557 规定方法获得的浸出液中有一种或一种以上的特征污染物浓度超过 GB 8978 最高允许排放浓度（第二类污染物最高允许排放浓度按照一级标准执行），或 pH 在 6～9 的一般工业固体废物。

主要包括：

代码	名称	代码	名称
SW01	冶炼废渣	SW07	污泥
SW02	粉煤灰	SW08	放射性废物
SW03	炉渣	SW09	赤泥
SW04	煤矸石	SW10	磷石膏
SW05	尾矿	SW99	其他废物
SW06	脱硫石膏		

不包括矿山开采的剥离废石和掘进废石（煤矸石和呈酸性或碱性的废石除外）。酸性或碱性废石是指采掘的废石其流经水、雨淋水的 pH 小于 4 或 pH 大于 10.5 者。

冶炼废渣指在冶炼生产中产生的高炉渣、钢渣、铁合金渣等，不包括列入《国家危险废物名录》（2016 年版）中的金属冶炼废物。

粉煤灰指从燃煤过程产生烟气中收捕下来的细微固体颗粒物，不包括从燃煤设施炉膛排出的灰渣。主要来自电力、热力的生产和供应行业和其他使用燃煤设施的行业，又称飞灰或烟道灰。主要从烟道气体收集而得，应与其烟尘去除量基本相等。

炉渣指企业燃烧设备从炉膛排出的灰渣，不包括燃料燃烧过程中产生的烟尘。

煤矸石指与煤层伴生的一种含碳量低、比煤坚硬的黑灰色岩石，包括巷道掘进过程中的掘进矸石，采掘过程中从顶板、底板及夹层里采出的矸石以及洗煤过程中挑出的洗矸石。主要来自煤炭开采和洗选行业。

尾矿指矿山选矿过程中产生的有用成分含量低、在当前的技术经济条件下不宜进一步分选的固体废物，包括各种金属和非金属矿石的选矿。主要来自采矿业。

脱硫石膏指废气脱硫的湿式石灰石/石膏法工艺中，吸收剂与烟气中二氧化硫等反应后生成的副产物。

污泥指污水处理厂污水处理中排出的、以干泥量计的固体沉淀物，不包括列入《国家危险废物名录》（2016 版）属于危险废物的污泥。

赤泥指含铝的矿物原料制取氧化铝或氢氧化铝后所产生的废渣。

磷石膏指在磷酸生产中用硫酸分解磷矿时产生的二水硫酸钙、酸不溶物，未分解磷矿及其他杂质的混合物。主要来自磷肥制造业。

其他废物指除上述 10 类一般工业固体废物以外的未列入《国家危险废物名录》（2016 年版）中

的固体废物，如机械工业切削碎屑、研磨碎屑、废砂型等；食品工业的活性炭渣；硅酸盐工业和建材工业的砖、瓦、碎砾、混凝土碎块等。

一般工业固体废物产生量=（一般工业固体废物综合利用量-其中：综合利用往年贮存量）+一般工业固体废物贮存量+（一般工业固体废物处置量-其中：处置往年贮存量）+ 一般工业固体废物倾倒丢弃量

一般工业固体废物综合利用量指调查年度企业通过回收、加工、循环、交换等方式，从固体废物中提取或者使其转化为可以利用的资源、能源和其他原材料的固体废物量（包括当年利用的往年工业固体废物累计贮存量）。如用作农业肥料、生产建筑材料、筑路等。综合利用量由原产生固体废物的单位统计。

工业固体废物综合利用的主要方式：

序号	综合利用方式	序号	综合利用方式
1	铺路	9	再循环/再利用不是用作溶剂的有机物
2	建筑材料	10	再循环/再利用金属和金属化合物
3	农肥或土壤改良剂	11	再循环/再利用其他无机物
4	矿渣棉	12	再生酸或碱
5	铸石	13	回收污染减除剂的组分
6	其他	14	回收催化剂组分
7	作为燃料（直接燃烧除外）或以其他方式产生能量	15	废油再提炼或其他废油的再利用
8	溶剂回收/再生（如蒸馏、萃取等）	16	其他有效成分回收

综合利用往年贮存量指企业在调查年度对往年贮存的工业固体废物进行综合利用的量。

一般工业固体废物贮存量指调查年度企业以综合利用或处置为目的，将固体废物暂时贮存或堆存在专设的贮存设施或专设的集中堆存场所内的量。专设的固体废物贮存场所或贮存设施必须有防扩散、防流失、防渗漏、防止污染大气、水体的措施。

粉煤灰、钢渣、煤矸石、尾矿等的贮存量指排入灰场、渣场、矸石场、尾矿库等贮存的量。

专设的固体废物贮存场所或贮存设施指符合环保要求的贮存场，即选址、设计、建设符合《一般工业固体废物贮存、处置场污染控制标准》（GB 18599—2001）等相关环保法律法规要求，具有防扩散、防流失、防渗漏、防止污染大气和水体措施的场所和设施。

工业固体废物贮存的主要方式：

序号	贮存方式
1	灰场堆放
2	渣场堆放
3	尾矿库堆放
4	其他贮存（不包括永久性贮存）

一般工业固体废物处置量指调查年度企业将工业固体废物焚烧和用其他改变工业固体废物的物理、化学、生物特性的方法，达到减少或者消除其危险成分的活动，或者将工业固体废物最终置于符合环境保护规定要求的填埋场的活动中，所消纳固体废物的量。

处置方式包括填埋、焚烧、专业贮存场（库）封场处理、回填矿井及海洋处置（经海洋管理部门同意投海处置）等。

处置量包括本单位处置或委托给外单位处置的量，还包括当年处置的往年工业固体废物贮存量。

工业固体废物处置的主要方式：

处置方式
围隔堆存（属永久性处置）
填埋
置放于地下或地上（如填埋、填坑、填浜）
特别设计填埋
海洋处置
经生态环境管理部门同意的投海处置
埋入海床
焚化
陆上焚化
海上焚化
水泥窑协同处置（指将满足或经过预处理后满足入窑要求的固体废物投入水泥窑，在进行水泥熟料生产的同时实现对固体废物的无害化处置过程）
固化
其他处置（属于未在上面5种指明的处置作业方式外的处置）
废矿井永久性堆存（包括将容器置于矿井）
土地处理（属于生物降解，适合于液态固体废物或污泥固体废物）
地表存放（将液态固体废物或污泥固体废物放入坑、氧化塘、池中）
生物处理
物理化学处理
经生态环境管理部门同意的排入海洋之外的水体（或水域）
其他处理方法

处置往年贮存量指调查年度企业按照《关于固体废物处置、综合利用的作业方式的规定》的要求，处置的上一调查年度末企业累计贮存的工业固体废物的量。

一般工业固体废物倾倒丢弃量指调查年度企业将所产生的固体废物倾倒或者丢弃到固体废物污染防治设施、场所以外的量。倾倒丢弃方式包括：

（1）向水体排放的固体废物；

（2）在江河、湖泊、运河、渠道、海洋的滩场和岸坡倾倒、堆放和存贮废物；

（3）利用渗井、渗坑、渗裂隙和溶洞倾倒废物；

（4）向路边、荒地、荒滩倾倒废物；

（5）未经环保部门同意作填坑、填河和土地填埋固体废物；

(6) 混入生活垃圾进行堆置的废物；

(7) 未经海洋管理部门批准同意，向海洋倾倒废物；

(8) 其他去向不明的废物；

(9) 深层灌注。

一般工业固体废物倾倒丢弃量计算公式为

一般工业固体废物倾倒丢弃量＝一般工业固体废物产生量－一般工业固体废物贮存量－（一般工业固体废物综合利用量－其中：综合利用往年贮存量）－（一般工业固体废物处置量－其中：处置往年贮存量）

危险废物产生量按《国家危险废物名录》填报。危险废物指列入国家危险废物名录或者根据国家规定的危险废物鉴别标准和鉴别方法认定的，具有爆炸性、易燃性、易氧化性、毒性、腐蚀性、易传染性疾病等危险特性之一的废物。

危险废物利用处置量指调查年度调查对象从危险废物中提取物质作为原材料或者燃料的活动中消纳危险废物的量，以及将危险废物焚烧和用其他改变危险废物物理、化学、生物特性的方法，达到减少或者消除其危险成分的活动，或者将危险废物最终置于符合环境保护规定要求的填埋场的活动中，所消纳危险废物的量。包括本单位自行利用处置的本单位产生和接收外单位危险废物量。

危险废物的利用或处置方式：

代码	说明
	危险废物（不含医疗废物）利用方式
R1	作为燃料（直接燃烧除外）或以其他方式产生能量
R2	溶剂回收/再生（如蒸馏、萃取等）
R3	再循环/再利用不是用作溶剂的有机物
R4	再循环/再利用金属和金属化合物
R5	再循环/再利用其他无机物
R6	再生酸或碱
R7	回收污染减除剂的组分
R8	回收催化剂组分
R9	废油再提炼或其他废油的再利用
R15	其他
	危险废物（不含医疗废物）处置方式
D1	填埋
D9	物理化学处理（如蒸发、干燥、中和、沉淀等），不包括填埋或焚烧前的预处理
D10	焚烧
D16	其他
	其他
C1	水泥窑协同处置
C2	生产建筑材料
C3	清洗（包装容器）
	医疗废物处置方式
Y10	医疗废物焚烧
Y11	医疗废物高温蒸汽处理
Y12	医疗废物化学消毒处理
Y13	医疗废物微波消毒处理
Y16	医疗废物其他处置方式

危险废物利用处置往年贮存量指调查年度调查对象对往年贮存的危险废物进行处置和综合利用的量。

危险废物送持证单位量指将所产生的危险废物运往持有危险废物经营许可证的单位综合利用、进行处置或贮存的量。危险废物经营许可证是根据《危险废物经营许可证管理办法》由相应管理部门审批颁发。

危险废物（本年末）贮存量指截至调查年度年末，调查对象将危险废物以一定包装方式暂时存放在专设的贮存设施内的量。专设的贮存设施应符合《危险废物贮存污染控制标准》（GB 18597—2001）等相关环保法律法规要求，具有防扩散、防流失、防渗漏、防止污染大气和水体措施的设施。

12.2 工业企业污染防治投资情况

污染治理项目名称指以治理老污染源的污染、“三废”综合利用为主要目的的工程项目名称，或本年完成建设项目竣工环境保护验收的项目名称。

项目类型指按照不同的项目性质，老工业源污染治理项目分为两类，并给予不同的代码。

1-老工业污染源治理在建项目；2-老工业污染源治理本年竣工项目。

治理类型指按照不同的企业污染治理对象，污染治理项目分为 14 类：

1-工业废水治理；2-工业废气脱硫治理；3-工业废气脱硝治理；4-其他废气治理；5-一般工业固体废物治理；6-危险废物治理（企业自建设施）；7-噪声治理（含振动）；8-电磁辐射治理；9-放射性治理；10-工业企业土壤污染治理；11-矿山土壤污染治理；12-污染物自动在线监测仪器购置安装；13-污染治理搬迁；14-其他治理（含综合防治）。

本年完成投资及资金来源指在调查年度，企业实际用于环境治理工程的投资额。投资额中的资金来源，是指投资单位在本年内收到的用于污染治理项目投资的各种货币资金，包括排污费补助、政府其他补助、企业自筹。各种来源的资金均为调查年度投入的资金，不包括以往历年的投资。

本年污染治理资金合计＝排污费补助+政府其他补助+企业自筹

竣工项目设计或新增处理能力设计能力是指设计中规定的主体工程（或主体设备）及相应的配套的辅助工程（或配套设备）在正常情况下能够达到的处理能力。调查年度竣工的污染治理项目，属新建项目的填写设计文件规定的处理、利用“三废”能力；属改扩建、技术改造项目的填写经改造后新增加的处理利用能力，不包括改扩建之前原有的处理能力；只更新设备或重建构筑物，处理利用“三废”能力没有改变的则不填。

工业废水设计处理能力的计量单位为吨/天（t/d）；工业废气设计处理能力的计量单位为标米^3/时（m^3/h）；工业固体废物设计处理能力的计量单位为吨/天（t/d）；噪声治理（含振动）设计处理能力以降低分贝数表示；电磁辐射治理设计处理能力以降低电磁辐射强度表示（电磁辐射计量单位有电场

强度单位为伏特/米（V/m）、磁场强度单位为安培/米（A/m）、功率密度单位为瓦特/米^2（W/m^2）。放射性治理设计处理能力以降低放射性浓度表示，废水计量单位为贝可勒尔/升（Bq/L），固体废物计量单位为贝可勒尔/千克（Bq/kg）。

12.3 大型畜禽养殖场污染排放及处理利用情况

饲养量指被调查对象当年饲养的畜禽（奶牛、蛋鸡）平均存栏数量，或调查对象当年畜禽（生猪、肉牛、肉鸡）出栏总数。

取水量指调查年度养殖场区内用于生产活动的水量中从外部取水的量。包括取自地表水（以净水厂供水计量）、地下水、城镇供水工程，以及从市场购得的其他水（如其他企业回用水量）或水的产品（如蒸汽、热水、地热水等），不包括自取的海水和苦咸水等以及为外供给市场的水的产品（如蒸气、热水、地热水等）而取用的水量，也不包括对天然水、污水、海水以及雨水、微咸水等类似水进行收集、处理后作为产品供应和利用而取用的水量。

固肥产生量指调查年度养殖场由所调查的畜种所产生的固态肥料的总量，包括粪和垫料等。

接收外单位固肥量指调查年度接收的其他养殖场的、在本场进行利用的固态肥料量。

固肥利用量指调查年度养殖场经过各种方式进行利用的固肥总量。

送外单位处理利用量指调查年度养殖场送到其他单位以各种方式进行利用的总量。

液肥产生量指调查年度养殖场由所调查的畜种所产生的液态肥料的总量，包括尿液和冲刷粪、尿的废水。

接收外单位液肥量指调查年度接收的其他养殖场的、在本场进行利用的液态肥料量。

液肥利用量指调查年度养殖场经过各种方式进行利用的液肥总量。

农业利用包括直接农业利用、简单堆肥后利用、种植食用菌、水产养殖。

生产有机肥指通过生物发酵、干燥等工艺制成商品有机肥。

生产沼气指通过厌氧发酵生产沼气、沼气得到有效利用的处理方式。

处理后排放指尿液、污水经过耗氧或厌氧等各种方式处理后排入环境。

无利用包括直接排入环境、没有固定防雨堆场的粪尿处理方式。

12.4 生活污染排放及处理情况

生活煤炭消费量指报告期内调查区域用作生活的煤炭总量，包括第三产业及居民生活用煤。生活煤炭消费量计算公式为

生活煤炭消费量 = 全社会煤炭消费总量–工业用煤炭消费总量

生活用水总量指报告期内调查区域住宿业与餐饮业、居民服务和其他服务业、医院以及城镇生活等的用水总量（含自来水和自备水），包括居民家庭用水和公共服务用水两个部分（包括自来水和自备水），以城市供水管理部门的统计数据为准。

生活污水排放量用城镇污水排放系数法测算。

生活污水污染物产生量指报告期内各类生活源从贮存场所排入市政管道、排污沟渠和周边环境的量。

生活污水污染物排放量指报告期内最终排入外环境生活污水污染物的量，即生活污水污染物产生量扣减经集中污水处理设施去除的生活污水污染物量。

12.5 机动车

载客汽车指设计和技术特性上主要用于载运人员的汽车，包括以载运人员为主要目的的专用汽车。

载货汽车指设计和技术特性上主要用于载运货物或牵引挂车的汽车，包括以载运货物为主要目的的专用汽车。

低速汽车指三轮汽车和低速货车的总称。

摩托车指由动力装置驱动的，具有两个或三个车轮的道路车辆，但不包括：①整车整备质量超过400千克的三轮车辆；②最大设计车速、整车整备质量、外廓尺寸等指标符合有关国家标准的残疾人机动车轮骑车；③电驱动的，最大设计车速不大于20千米/时且整车整备质量符合相关国家标准的两轮车辆。

12.6 污水处理厂

污水处理厂包括城镇生活污水处理厂、工业废（污）水集中处理设施和其他污水处理设施。

城镇生活污水处理厂指在城镇或工业区，城市污水（生活污水、工业废水）通过排水管道集中于一个或几个处所，并利用由各种处理单元组成的污水处理系统进行净化处理，最终使处理后的污水和污泥达到规定要求后排放或再利用的设施。

工业废（污）水集中处理设施指提供社会化有偿服务，专门从事为工业园区、联片工业企业或周边企业处理工业废水（包括一并处理周边地区生活污水）的集中设施或独立运营的单位。不包括企业内部的污水处理设施。

其他污水处理设施指对不能纳入城市污水收集系统的居民区、风景旅游区、度假村、疗养院、机场、铁路车站以及其他人群聚集地排放的污水进行就地集中处理的设施。

污水处理厂累计完成投资指截至当年末调查对象建设实际完成的累计投资额，不包括运行费用。

新增固定资产指报告期内交付使用的固定资产价值。对于新建污水处理厂，本年新增固定资产投资等于总投资；对于改建、扩建污水处理厂，本年新增固定资产投资仅指报告期内交付使用的改建、扩建部分的固定资产投资，属于累计完成投资的一部分。

本年运行费用指报告期内维持污水处理厂（或处理设施）正常运行所发生的费用。包括能源消耗、设备维修、人员工资、管理费、药剂费及与污水处理厂（或处理设施）运行有关的其他费用等，不包括设备折旧费。

污水设计处理能力指截至当年末调查对象设计建设的设施正常运行时每天能处理的污水量。

污水实际处理量指调查对象报告期内实际处理的污水总量。

生活污水处理量指调查对象报告期内实际处理的污水中生活污水总量。

工业废水处理量指调查对象报告期内实际处理的污水中工业废水总量。

再生水利用量指调查对象报告期内处理后的污水中再回收利用的水量，包括直接用于工业冷却、洗涤、冲渣和景观用水、生活杂用。

工业用水量指调查对象报告期内污水再生水利用量中用于工业冷却用水等工业方面的水量。

市政用水指调查对象报告期内污水再生水利用量中用于消防、城市绿化等市政方面的水量。

景观用水量指调查对象报告期内污水再生水利用量中用于营造城市景观水体和各种水景构筑物的水量。

污泥产生量指调查对象报告期内在整个污水处理过程中最终产生污泥的质量。折合含水率为0的干泥量填报。污泥指污水处理厂（或处理设施）在进行污水处理过程中分离出来的固体。

干污泥产生量=湿污泥产生量×（1−n%）

式中：n%为湿污泥的含水率。

污泥处理量指报告期内采用土地利用、填埋、建筑材料利用和焚烧等方法对污泥最终消纳处置的质量。

土地利用量指报告期内将处理后的污泥作为肥料或土壤改良材料，用于园林、绿化或农业等场合的处置方式处置的污泥质量。

填埋处置量指报告期内采取工程措施将处理后的污泥集中堆、填、埋于场地内的安全处置方式处置的污泥质量。

建筑材料利用量指报告期内将处理后的污泥作为制作建筑材料的部分原料的处置方式处置的污泥质量。

焚烧处置量指报告期内利用焚烧炉使污泥完全矿化为少量灰烬的处置方式处置的污泥质量。

污泥倾倒丢弃量指报告期内不做处理利用处置而将污泥任意倾倒弃置到划定的污泥堆放场所以外的任何区域的质量。

12.7 生活垃圾处理场（厂）

垃圾处理场（厂）包括垃圾填埋场（厂）、堆肥场（厂）、焚烧场（厂）和其他方式处理垃圾的处理场（厂）。其中，垃圾焚烧场（厂）不包括垃圾焚烧发电厂，垃圾焚烧发电厂纳入工业源调查。

生活垃圾处理场（厂）累计完成投资指截至当年末调查对象建设实际完成的累计投资额，不包括运行费用。

本年新增固定资产指报告期内交付使用的固定资产价值。对于新建垃圾处理场（厂），本年新增固定资产投资等于总投资；对于改建、扩建垃圾处理场（厂），本年新增固定资产投资仅指报告期内交付使用的改建、扩建部分的固定资产投资，属于累计完成投资的一部分。

本年运行费用指报告期内维持垃圾处理场（厂）正常运行所发生的费用。包括能源消耗、设备维修、人员工资、管理费及与垃圾处理场（厂）运行有关的其他费用等，不包括设备折旧费。

本年实际处理量指报告期内对垃圾采取焚烧、填埋、堆肥或其他方式处理的垃圾总质量。

本年实际填埋量指报告期内以填埋方式处理的垃圾总质量。

本年实际堆肥量指报告期内以堆肥方式处理的垃圾总质量。

本年实际焚烧处理量指调查对象报告期内焚烧处理垃圾的总量。

渗滤液产生量指调查对象报告期内实际产生的渗滤液量。如果没有计量装置可按照产污系数计算产生量。

渗滤液排放量指调查对象报告期内排放到外部的渗滤液的总量(包括经过处理的和未经处理的)。如果没有计量装置可按照排污系数计算排放量。

渗滤液污染物产生量指报告期内未经过处理的渗滤液中所含的化学需氧量、氨氮、油类、总磷、挥发酚、氰化物、砷和汞、镉、铅、铬等重金属污染物本身的纯质量。按年产生量填报。

渗滤液污染物排放量指报告期内排放的渗滤液中所含的化学需氧量、氨氮、油类、总磷、挥发酚、氰化物、砷和汞、镉、铅、铬等重金属污染物本身的纯质量。按年排放量填报。

焚烧废气污染物产生量指报告期内垃圾焚烧过程中产生的未经过处理的废气中所含的二氧化硫、氮氧化物、烟尘和汞、镉、铅等重金属及其化合物（以重金属元素计）的固态、气态污染物的纯质量。按年产生量填报。

焚烧废气污染物排放量指报告期内垃圾焚烧过程中排放到大气中的废气（包括处理过的、未经过处理）中所含的二氧化硫、氮氧化物、烟尘和汞、镉、铅等重金属及其化合物（以重金属元素计）的固态、气态污染物的纯质量。按年排放量填报。

12.8 危险废物（医疗废物）集中处理厂

集中式污染治理设施危险废物集中处理厂指服务于一定区域专营或兼营危险废物集中处理且有危险废物经营许可证的危险废物集中处理厂，不包括危险废物收集经营许可证单位。

危险废物（医疗废物）集中处理厂累计完成投资指截至当年末，调查对象建设实际完成的累计投资额，不包括运行费用。

新增固定资产指报告期内交付使用的固定资产价值。对于新建危险废物（医疗废物）集中处置厂，本年新增固定资产投资等于总投资；对于改建、扩建危险废物（医疗废物）集中处置厂，本年新增固定资产投资仅指报告期内交付使用的改建、扩建部分的固定资产投资，属于累计完成投资的一部分。

本年运行费用指报告期内维持危险废物集中处理厂正常运行所发生的费用。包括能源消耗、设备维修、人员工资、管理费及与危险废物集中处理厂运行有关的其他费用等，不包括设备折旧费。

本年实际处置危险废物量指报告期内调查对象将危险废物焚烧和用其他改变危险废物的物理、化学、生物特性的方法，达到减少已产生的危险废物数量、缩小危险废物体积、减少或者消除其危险成分的活动，或者将危险废物最终置于符合环境保护规定要求的填埋场的活动中，所消纳危险废物的量。

处置工业危险废物量指调查对象报告期内采用各种方式处置的工业危险废物的总量。医疗废物集中处理厂不得填写该项指标。

处置医疗废物量指调查对象报告期内采用各种方式处置的医疗废物的总量。

处置其他危险废物量指调查对象报告期内采用各种方式处置的除工业危险废物和医疗废物以外其他危险废物的总质量，如教学科研单位实验室、机械电器维修、胶卷冲洗、居民生活等产生的危险废物。医疗废物集中处理厂不得填写该项指标。

本年实际利用量指调查对象年度内容以综合利用方式处理的危险废物总质量。

本年实际填埋处置量指调查对象报告期内以填埋方式处置的危险废物总质量。

本年实际焚烧处置量指调查对象报告期内以焚烧方式处置的危险废物总质量。

废水产生量指调查对象报告期内实际产生的废水量。如果没有计量装置可按照产污系数计算产生量。

废水排放量指调查对象报告期内排放到外部的废水的总量（包括经过处理的和未经处理的）。如果没有计量装置可按照排污系数计算排放量。

废水处理量指调查对象调查年度内废水处理设施实际处理的废水总量。未经处理排入市政管网且未进入其他污水处理厂的量不计。

渗滤液污染物产生量指报告期内未经过处理的渗滤液中所含的汞、镉、铅、铬等重金属和砷、氰化物、挥发酚、化学需氧量、氨氮、总磷等污染物本身的纯质量。按年产生量填报。

渗滤液污染物排放量指报告期内排放的渗滤液中所含的汞、镉、铅、总铬等重金属和砷、氰化物、挥发酚、石油类、化学需氧量、氨氮、总磷等污染物本身的纯质量。按年排放量填报。

焚烧废气污染物产生量指报告期内危险废物焚烧过程中产生的未经过处理的废气中所含的二氧化硫、氮氧化物、烟尘和汞、镉、铅等重金属及其化合物（以重金属元素计）的固态、气态污染物的纯质量。按年产生量填报。

焚烧废气污染物排放量指报告期内危险废物焚烧过程中排放到大气中的废气（包括处理过的、未经过处理）中所含的二氧化硫、氮氧化物、烟尘和汞、镉、铅等重金属及其化合物（以重金属元素计）的固态、气态污染物的纯质量。按年排放量填报。

12.9 环境管理

当年受理行政复议案件数量指报告期内本级环保部门受理的所有行政复议案件数量（含非环保案件），包括已受理但未办结的案件；但不包含非本统计年受理而在本统计年内办理或办结的案件。

当年颁布地方性环保法规数量指报告期内由本级地方人大及其常委会颁布的新制定或者修订的，且范围限于由环保部门牵头起草或落实的地方性环保法规数量。

当年废止地方性环保法规数量指报告期内由本级地方人大及其常委会颁布废止的，且范围限于由环保部门牵头起草或落实的地方性环保法规数量。

现行有效的地方性环保法规总数指报告期内由本级地方人大及其常委会颁布的现行有效的，且范围限于由环保部门牵头起草或落实的地方性环保法规总数。

当年颁布地方性环保规章数量指报告期内由本级地方人民政府新制定或者修订，以政府令形式颁布的，且范围限于由环保部门牵头起草或落实的地方性环保规章的数量。

现行有效的地方性环保规章总数指报告期内由本级地方人民政府新制定或者修订，以政府令形式颁布的现行有效的，且范围限于由环保部门牵头起草或落实的地方性环保规章的数量。

当年发布的地方环境保护标准数量指报告期内本级环保部门组织制定的、以地方标准形式发布的环境质量标准、污染物排放（控制）标准、环境监测方法标准、环境管理规范等标准的数量。

当年全国开展强制性清洁生产审核评估企业数量指报告期内本级环保部门组织开展强制性清洁生产审核评估的企业数，包括通过评估和未通过评估的企业总数，以环保部门出具的评估意见或结论时间为准。

审批和备案的建设项目投资总额指报告期内批复和备案环评文件的建设项目投资总额，包含非本年度受理但在本年度批复环评文件的项目。

审批和备案的建设项目环保投资总额指报告期内批复和备案环评文件的建设项目环保投资总额，包含非本年度受理但在本年度批复环评文件的项目。

建设项目环评文件审批数量指报告期内批复的建设项目环境影响报告书和环境影响报告表数量，包含非本年度受理但在本年度批复的项目数量。

环境监测部门/机构数量指各级环保部门内设环境管理部门及所属环境监测机构批复数量，其中，"环境监测中心（站）机构"单独统计，并统计其中"通过检验监测机构资质认定"的机构数量；"其他环境监测类机构"包括部分地区单独设立的预警预报、生态遥感、环境监控、区域流域等功能性专业监测机构。

环境监测人员数量指各级环保部门内设环境管理部门及所属环境监测机构批复编制数量。其中，"环境监测中心（站）人员"单独统计；"其他环境监测类人员"包括部分地区单独设立的预警预报、生态遥感、环境监控、区域流域等功能性专业监测人员。并分别统计两类"通过环境监测人员持证上岗考核"的人员数量。

环境监测用房面积指开展环境监测工作所需的实验室用房、监测业务用房、监测站房等面积，包括租赁用房。

环境监测业务经费指各级环保部门环境监测业务经费保障情况。其中，本级经费包括应列入本级财政预算的人员经费、公用经费、行政事业类项目经费、能力建设项目经费及科研经费等；专项经费包括上级补助性收入、专项转移支付资金、专项课题经费等；事业收入指开展监测服务活动所取得的收入。

监测仪器设备台（套）数及原值总值指基本仪器设备、应急监测仪器设备和专项监测仪器设备等各类监测仪器设备的数量及购置总金额。

环境空气监测点位数量指按照《环境空气质量监测点位布设技术规范（试行）》建设，包含环境空气质量评价城市点、环境空气质量评价区域点、环境空气质量背景点、污染监控点、路边交通点等已建成并使用的监测点位的数量。

其中，

国控监测点位数量指位于本辖区的、由国家批准纳入国家城市环境空气质量监测网络的空气监测点位数量。

酸雨监测点位数量指研究酸雨的时空分布及长期变化的酸雨观测站点位数量。

沙尘天气影响环境质量监测点位数量指监测沙尘天气对环境质量影响的监测点位数量。

地表水水质监测断面（点位）数量指用于对江河、湖泊、水库和渠道的水质监测，包括向国家直接报送监测数据的国控网站、省级、市级、县级控制断面（或垂线）的水质监测点位（断面）数量。

其中，

国控断面（点位）数量指位于本辖区的、由国家组织实施监测的，为反映水体水质状况而设置的监测点位数量。

集中式饮用水水源地监测点位数量指用以监控水源水质变化情况及趋势，为防控风险而设立的监测断面，包括地表水饮用水水源地和地下水饮用水水源地的监测点位数量。

其中，

地表水监测点位数量指位于本辖区的、为反映地表水集中式饮用水水源地水质状况而设置的监测点位数量。

其中，

地下水监测点位数量指位于本辖区的、为反映地下水集中式饮用水水源地水质状况而设置的监测点位数量。

近岸海域监测点位数量指按照《近岸海域环境监测点位布设技术规范》建立，为监测近岸海域环境质量、污染来源及影响而设置的监测点位（断面、排口），包含环境质量监测点位、环境功能区监测点位、潮间带环境质量监测点位、陆域直排海污染源监测点位、入海河流监测断面、海滨浴场监测点位、应急监测点位等的数量。

其中，

近岸海域环境功能区点位数量指位于本辖区的、为反映近岸海域功能区环境质量而布设的监测点位数量。与近岸海域环境质量点位重合的点位应分别统计。

近岸海域环境质量点位数量指位于本辖区的、为反映近岸海域环境质量而布设的环境监测点位数量。与近岸海域环境功能区监测点位重合的点位应分别统计。

开展环境噪声监测的监测点位数量指区域噪声、道路交通噪声、功能区环境噪声监测点位数量的总和。

其中，

区域环境噪声监测点位数量指为评价城市环境噪声总体水平而布设的、本级承担监测任务的监测点位数量。

道路交通噪声监测点位数量指为评价城市道路交通噪声总体水平而布设的、本级承担监测任务的监测点位数量。

功能区环境噪声监测点位数量指为评价声环境功能区昼、夜间达标情况而布设的、本级承担监测任务的监测点位数量。

开展污染源监督性监测的重点排污单位数量指按照相关要求开展污染源监督性监测的重点排污单位数量。

自然保护区个数指报告期内辖区内各级别各类型自然保护区的数量。

自然保护区面积指报告期内辖区内各级别各类型自然保护区的面积。

保护区面积占辖区面积比指报告期内辖区内各级别各类型自然保护区陆地面积占辖区陆地面积的比例。

辐射环境监测用房面积指开展环境监测工作所需的实验室用房、监测业务用房、监测站房等面积，包括租赁用房。

监测仪器设备台套数及原值总值指基本仪器设备、应急监测仪器设备和专项监测仪器设备等各类监测仪器设备的数量及购置总金额。

已实施自动监控的重点排污单位数量指根据污染源自动监控工作进展情况，至报告期末在环保部门污染源监控中心已经实现自动监控的重点排污单位数量。

已实施自动监控的重点排污单位中水排放口数量指已实施自动监控重点排污单位中，环保部门污染源监控中心能够实施自动监控的水排放口数量。

已实施自动监控的重点排污单位中气排放口数量指已实施自动监控重点排污单位中，环保部门污染源监控中心能够实施自动监控的气排放口数量。

已实施自动监控的重点排污单位中化学需氧量监控设备与环保部门稳定联网数量指已实施自动监控重点排污单位中，其化学需氧量自动监控设备正常运行、自动监控数据（浓度和排放量）能通过数据采集与传输设备与环保部门污染源监控中心稳定联网报送的企业数量。

已实施自动监控的重点排污单位中氨氮监控设备与环保部门稳定联网数量指已实施自动监控重点排污单位中，其氨氮自动监控设备正常运行、自动监控数据（浓度和排放量）能通过数据采集与传输设备与环保部门污染源监控中心稳定联网报送的企业数量。

已实施自动监控的重点排污单位中二氧化硫监控设备与环保部门稳定联网数量指已实施自动监控重点排污单位中，其二氧化硫自动监控设备正常运行、自动监控数据（浓度和排放量）能通过数据采集与传输设备与环保部门污染源监控中心稳定联网报送的企业数量。

已实施自动监控的重点排污单位中氮氧化物监控设备与环保部门稳定联网数量指已实施自动监控重点排污单位中，其氮氧化物自动监控设备正常运行、自动监控数据（浓度和排放量）能通过数据采集与传输设备与环保部门污染源监控中心稳定联网报送的企业数量。

已实施自动监控的重点排污单位中烟尘监控设备与环保部门稳定联网数量指已实施自动监控重点排污单位中，其烟尘自动监控设备正常运行、自动监控数据（浓度和排放量）能通过数据采集与传输设备与环保部门污染源监控中心稳定联网报送的企业数量。

实有环境监察执法人员数量指报告期内，本级环境监察执法机构实有在岗工作人员数量。不包括借调到其他部门、长期休假等人员。

持有环境监察执法证件人员数量指报告期内，本级环境监察执法机构中，持有有效的环境监察执法证件的执法人员数量。

纳入日常监管随机抽查信息库的污染源数量指报告期内，本级环保部门按照《关于在污染源日常环境监管领域推广随机抽查制度的实施方案》要求，列入本级污染源日常监管动态信息库的排污单位数量。

日常监管随机抽查污染源数量指报告期内，本级环保部门按照《关于在污染源日常环境监管领域推广随机抽查制度的实施方案》要求，在日常监管中随机抽查污染源的数量。

下达处罚决定书数量指报告期内，本级环保部门下达行政处罚决定书的数量。

罚没款数额指报告期内，本级环保部门罚没款的总额。

当年突发环境事件发生数量指报告期内本级环保部门处置的所有突发环境事件数。包括已处置但未办结的突发环境事件，但不包含非本统计年发生而在本统计年内处置或办结的突发环境事件。

地级以上城市启动重污染天气应急预案频次指按季度统计行政区内各地级以上城市启动各级别应急预案的次数、持续天数。

本级环保能力建设资金使用总额指本级使用的当年已完成的用于提升水污染防治、大气污染防治、固体废物污染防治、土壤污染防治、生态保护以及核与辐射安全等生态环境保护各领域的环境监测、环境执法、环境预警与应急、环境信息、环境科技、环境宣教等各方面能力的购置固定资产投资。其中本级包含各级环境保护行政主管部门及各类环境保护事业单位。

其中，

水污染防治能力建设资金使用总额指用于水污染防治领域水环境监测仪器设备购置、水质自动监测站点建设、废水排放在线监控设施建设、水污染调查取证监督执法能力建设、水环境监测预警能力建设、水污染环境应急设备装备购置、水污染防治科技与宣教等各类能力建设投入资金。

大气污染防治能力建设资金使用总额指用于大气污染防治领域大气环境监测仪器设备购置、大气自动监测站点建设、废气排放在线监控设施建设、大气污染调查取证监督执法能力建设、大气环境监测预警预报能力建设、大气污染环境应急设备装备购置、大气污染防治科技与宣教等各类能力建设投入资金。

固体废物污染防治能力建设资金使用总额指用于固体废物污染防治领域固体废物监测鉴别仪器设备购置、固体废物信息化管理能力建设、固体废物污染防治科技与宣教等各类能力建设投入资金。

噪声污染防治能力建设资金使用总额指用于噪声污染防治领域声环境质量监测仪器设备购置、噪声在线监测站点建设、噪声隔离与防护能力建设、噪声污染防治信息化管理能力建设、噪声污染防治科技与宣教等各类能力建设投入资金。

土壤污染防治能力建设资金使用总额指用于土壤污染防治领域土壤环境质量监测仪器设备购置、土壤污染状况调查取证及监督执法能力建设、土壤污染环境应急设备装备购置、土壤环境信息化管理能力建设、土壤污染防治科技与宣教等各类能力建设投入资金。

生态保护能力建设资金使用总额指用于生态保护领域生态遥感监测能力与生物多样性地面观测能力建设、生态环境质量调查评估能力建设、生态管护与监督执法能力建设、生态保护监管信息化建设、生态保护科技与宣教等各类能力建设投入资金。

核与辐射安全环境保护能力建设资金使用总额指用于核与辐射安全领域核与辐射环境监测仪器设备购置、辐射环境自动监测能力建设、重要核设施周边监督性监测能力建设、核与辐射监督执法能力建设、核与辐射应急监测调度平台及应急设备装备建设、核与辐射监管信息化建设、核与辐射安全环境保护科技与宣教等各类能力建设投入资金。

环境监管运行保障资金使用总额指各级监测、监察、核与辐射安全、宣教等机构开展污染源与总量减排监管、环境监测与评估、环境信息等业务发生的环境监管运行保障经费。不包含固定资产。

当年完成环保验收项目总投资指调查度完成环保验收项目工程总投资的汇总数额。

当年完成环保验收项目环保投资指调查年度完成环保验收项目环保投资的汇总数额。

生态影响类项目指交通运输（公路，铁路，城市道路和轨道交通，港口和航运，管道运输等）、水利水电、石油和天然气开采、矿山采选、电力生产（风力发电）、农业、林业、牧业、渔业、旅游等行业和海洋、海岸带开发、高压输变电线路等主要对生态造成影响的建设项目。

城市基础设施项目指根据《建设项目环境影响评价分类管理目录》，城市基础设施建设项目包括城市基础设施及房地产（U 类）中煤气生产和供应，城市天然气供应，热力生产和供应，自来水生产和供应，生活污水集中处理，工业废水集中处理，海水淡化、其他水处理利用，管网建设，生活垃圾集中转运站，生活垃圾集中处置，城镇粪便处理，危险废物（含医疗废物）集中处置，仓储，城镇河道、湖泊整治以及废旧资源回收加工再生类别的建设项目。

工业企业项目指根据《建设项目环境影响评价分类管理目录》，工业企业项目包括煤炭（D 类），电力［E 类，不含其他能源发电、送（输）变电工程类别］，黑色金属（G 类），有色金属（H 类），金属制品（I 类），非金属矿采及制品制造（J 类），机械，电子（K 类），石化，化工（L 类），医药（M 类），轻工（N 类），纺织化纤（O 类）类别的建设项目。

新增废水处理设施能力指建设项目新增的废水处理设施处理能力，数据来源于建设项目竣工环境保护“三同时”验收登记表。

新增废气处理设施能力指建设项目新增的废气处理设施处理能力，数据来源于建设项目竣工环境保护“三同时”验收登记表。